U0021579

雜誌設計學

S Y U WANT T
PUBLISH A MAGAZINE ?
ANGHARAD LEWIS

安荷拉·露易絲 —— 著   古又羽 —— 譯

獨立雜誌人的夢想實踐指南　　風格定位｜創作編輯｜印刷加工｜發行銷售

雜誌設計學 風格定位、創作編輯、印刷加工、發行銷售，獨立雜誌人的夢想實踐指南

作　者	安荷拉・露易絲（Angharad Lewis）
譯　者	古又羽

總編輯	王秀婷
責任編輯	李華
版　權	向艷宇
行銷業務	黃明雪

發 行 人	涂玉雲
出　版	積木文化
	104台北市民生東路二段141號5樓
	電話：(02) 2500-7696 ｜ 傳真：(02) 2500-1953
	官方部落格：www.cubepress.com.tw
	讀者服務信箱：service_cube@hmg.com.tw
發　　行	英屬蓋曼群島商家庭傳媒股份有限公司城邦分公司
	台北市民生東路二段141號2樓
	讀者服務專線：(02)25007718-9 ｜ 24小時傳真專線：(02)25001990-1
	服務時間：週一至週五09:30-12:00、13:30-17:00
	郵撥：19863813 ｜ 戶名：書虫股份有限公司
	網站：城邦讀書花園 ｜ 網址：www.cite.com.tw
香港發行所	城邦（香港）出版集團有限公司
	香港灣仔駱克道193號東超商業中心1樓
	電話：+852-25086231 ｜ 傳真：+852-25789337
	電子信箱：hkcite@biznetvigator.com
馬新發行所	城邦（馬新）出版集團 Cite（M）Sdn Bhd
	41, Jalan Radin Anum, Bandar Baru Sri Petaling, 57000 Kuala Lumpur, Malaysia.
	電話：(603) 90578822 ｜ 傳真：(603) 90576622
	電子信箱：cite@cite.com.my

國家圖書館出版品預行編目資料

雜誌設計學：風格定位、創作編輯、印刷加工、發行銷售,獨立雜誌人的夢想實踐指南 / 安荷拉.露易絲(Angharad Lewis)著；古又羽譯. -- 初版. -- 臺北市：積木文化出版：家庭傳媒城邦分公司發行,2018.10
　　面；　公分. -- (design+；58)
譯自：So you want to publish a magazine?
ISBN 978-986-459-152-7(平裝)

1.出版業 2.雜誌業 3.英國

487.7941　　　　　　　　　　107013991

Text © 2016 Angharad Lewis

Angharad Lewis has asserted her right under the Copyright, Designs and Patents Act 1988 to be indentified as the Author of this Work

Translation © 2018 Cube Press, a division of Cite Publishing Ltd.

This book was designed, produced and published in 2016 by Laurence King Publishing Ltd. under the title *So you Want to Publish a Magazine?*

This edition is published by arrangerment with Laurence King Publishing Ltd.through Andrew Nurnberg Associates International Limited.

封面設計	日央設計工作室
內頁排版	陳佩君
製版印刷	上晴彩色印刷製版有限公司

城邦讀書花園
www.cite.com.tw

2018年 10月 2 日　初版一刷　　　　　　　　　　Printed in Taiwan.
售　價／NT$599
ISBN　978-986-459-152-7

有著作權・侵害必究

序

安荷拉‧露易絲
（Angharad Lewis）

本書不是要為「出版雜誌」指出一條明路，或是提供神奇的成功方程式，而是要展現獨立雜誌的大千世界。在這個世界裡，沒有規則可循，出版模式也一直在更新。為此，我找來許多深具創造力的獨立出版人（indie publisher），整合他們豐富的知識與經驗，詳細介紹「自宅出版」與「商業出版」等各種截然不同的形式。出版之路要怎麼走，每個人自有打算，希望本書能夠成為有志出版獨立雜誌的朋友一路上的良伴。

前言

傑洛米・萊斯里
（Jeremy Leslie，MagCulture）
雜誌平臺創意總監

近十幾年來，獨立雜誌人運用曾被傳統印刷出版業視為大敵的新興科技，以及睿智的經營，讓紙本雜誌重新闖出一片天。

有別於過度同質化的主流出版及免費線上內容，這些獨立雜誌人以各種耳目一新的方式處理體育、時尚、美食等題材，也善用他們的優勢與立場來探索雜誌的極限。

他們再次發揚光大紙本豐富的感官享受，將觸感、氣味及聲音與視覺相結合，讓讀者跳脫扁平、刺眼的數位閱讀體驗。

媒體也開始注意到獨立雜誌的崛起；幾乎每週都有網站發表他們的「十大獨立雜誌」榜單，主流出版也因而時不時站出來刷存在感。這已是國際現象，全球性的獨立雜誌網路平臺逐一誕生，而 Printout（英國倫敦）、Indiecon（德國漢堡）及 U-Symposium（新加坡）等雜誌界盛事，也向急於投入這個市場的讀者提供資訊，介紹雜誌以及出版者。

然而，製作發行一本獨立雜誌要付出什麼代價？獨立雜誌本身是門好生意嗎？它是否能夠長久發展，甚至更加普及呢？

本書搜羅諸多獨立雜誌業界重要人士的意見，他們不僅分享深入的工作經驗，也述說野心及展望，以及個人出版（self-publishing）之路的酸甜苦辣。假如你對雜誌出版或創作有興趣，千萬別錯過本書。

導言

安荷拉・露易絲

本書是獨立雜誌出版指南，包含豐富的業界知識——從計畫、製作、出貨到行銷，內容涵蓋雜誌製作與出版的各個層面。不論你已經在做雜誌、正在計畫或者夢想有一天能做雜誌，本書都能給你不少啟發與協助。我們將一層層揭開獨立出版的神祕面紗，同時也會幫助你了解如何打造出雜誌，並且正式發行的一切實務。

本書集結超過五十位獨立雜誌出版界人士的經驗及見解，他們多數為現役雜誌人；其餘則是來自於更廣大出版業界的專家，領域涵蓋經銷、零售及印刷等等，所述內容皆是獨家專訪。每一章都有個案研究，分析不同雜誌呈現主題的獨特方式，或是面臨的挑戰與解決方案。另外，還有大篇幅的「訪談」單元，對象是各出版階段的重要人士，他們會針對營運模式，分享精闢的專業見解，為新手提供寶貴建議。

於雜誌史上，獨立雜誌雖曾出現過幾次「興盛期」，不過，現在獨立雜誌界卻出現一股持續向前邁進的氣勢。大型商業印刷出版產業正逐漸衰落，但想擁有獨立出版事業的人如今卻破天荒地多。這些靈活小巧，漂亮可人的雜誌，背後的經營者往往身兼多職，且非常重視印刷品質，成功在大眾市場媒體未觸及的地方開拓出重要的利基。讀者渴盼更新更好、豐富扎實且能讀到真實人生的雜誌。

1.

2.

3.

4.

5.

1. *The Gentlewoman*, issue 6, Autumn/
Winter 2012；封面人物 Angela Lansbury，
攝影 Terry Richardson。

2. *Riposte*, issue 2, Summer 2014；著眼
於中東出版現況的文章。

3. *Mo, issue kultur*, issue 33, Spring
2013；封面藝術家 Kim Gordon，內有多張
展現作品的插頁。

4. *The Gourmand*, issue 4, 2014；巧克力
專題。攝影 Thomas Pico。

5. *Works That Work*, issue 2, 2013；平庸
簡陋的貨櫃如何成為改造全球經濟推手專題
報導。

6. *Delayed Gratification*, issue 12, 2014；
成為奈及利亞國王的英國德比電機工程師專
題文章。

6.

7.

8.

9.

7. *Port*, issue 15, Autumn 2014；知名作曲家 Esa-Pekka Salonen 的報導文章跨頁報導，攝影 Pieter Hugo。

8. *The Ride*, issue 8, 2014；封面封底插圖 Shan Jiang 江杉。以富創意的方式運用插圖及照片，文章極具故事性，使其在同類型雜誌中脫穎而出。

9. *Wrap*, issue 10, Spring/ Summer 2014；這本雜誌最初是以橡皮筋將包裝紙套在一起，展示各插畫家的作品，如今進化成膠裝雜誌。

10. *Printed Pages*, issue 6, Summer 2014；關於設計師 David Pearson 的文章。這本雜誌是網路平臺 It's Nice That 及創意代理商 INT Works 的第二本紙本刊物。

11. *The White Review*, issue 9, December 2013；這本賞心悅目的紙本雜誌或許是全世界最美麗的藝術類雜誌，經常有藝術創作品的復刻書衣、明信片插頁。

10.

獨立的美妙之處，在於雜誌擁有者可以自行決定製作和銷售方式，不受限於公司或主流出版的遊戲規則，選擇符合自己經濟條件和行事作風的方式來打造雜誌。

　　另一方面，因為幾乎所有事情都需要一手包辦，你會學得很快；當然，過程中，你會不斷犯錯，並從中得到教訓。犯錯不一定是壞事，不過本書能幫助你避免幾個可能遇到的恐怖陷阱，讓你事先吸取來自其他獨立出版前輩的實用知識。

　　要出版雜誌，其實不算太難，不過還是必須面對許多巨大挑戰。大眾商業出版的過時架構仍支配著市場，對獨立出版人而言，配銷及廣告是兩個最主要的問題。不過，足智多謀的雜誌人至今已做出多項令人振奮的革新，雖然無法以量制價，但透過經營社群、分享知識與經驗，團結的力量使他們持續成長。

　　本書就是誕生於這樣的社群精神，由出版人的慷慨貢獻所成就。無論獨立出版人需要克服多少艱難，日益成長且深愛雜誌的讀者們都將回報他們。

11.

「身為雜誌讀者是值得驕傲的……印刷品有種迷人且親密的魅力，讓人們想與自己正在看的雜誌畫上等號。」

《Anorak》發行人兼主編凱西・歐米迪亞斯（Cathy Olmedillas）

01

你想出版雜誌，
對嗎？

一切的開始

獨立雜誌現今
面臨的問題

獨立出版人必須
捫心自問的問題

來自雜誌製作者
的忠告

VOLUME21 NO.1
EFFECTS
SPECIAL

WHY PRINT STILL MATTERS

Medium / Stock
Special paper or material
or use multiple paper stock

Ink. Printed with inks other than conventional
offset CMYK; eg: varnishes, heat sensitive inks,
fluorescence inks, spot colors, etc

Format. Project requires folding, scoring
or perforation. Also unconventional binding or
unconventional format

Cutting
Lazer cutting,
Die cutting, etc

Gold Foiling
Embossing
Letterpressing Stamping

Add on materials.
Hand crafted project

起手式：必須捫心自問的問題

　　雜誌的魅力難擋，它們能勾起興趣，令讀者感覺自己正參與某項事物，並且得到新的想法與創意。雜誌出刊的頻率，就是新事物到來的節奏，讓我們引頸期盼，一拿到新刊，就痛快地看完，然後繼續期待下一期。然而，在這充滿魔法的美麗雜誌背後，雜誌工作者的世界，往往是一個瘋狂、糟糕、時而單調的密室，他們不見天日地埋頭苦幹，與雜誌光鮮的模樣截然不同。

　　雜誌誕生的地方，經常是需要攀爬層層階梯才能抵達的雜亂辦公室，而且位於廉價地段；也或者是某人廚房桌上挪出的一小塊空間。對於全球眾多獨立出版人來說，這不僅無以澆熄他們的熱情，反而成為箇中樂趣。混亂和汗水，都將化作書店架上引以為傲的出色作品，甚至被送往世界各地成百上千的信箱裡。無論你有沒有做雜誌的經驗，本章都將從頭道來——請想清楚你的雜誌屬性，以及想透過發行該雜誌實現什麼。過程中，或許想法會不斷改變，也會不斷犯錯，不過，雜誌的美妙之處，就在於你永遠有下一期能夠彌補、嘗試新東西。

1.

「請自問，做雜誌是為了追求什麼？」

《Mono.kultur》凱‧馮‧拉貝瑙（Kai von Rabenau）

　　接下來，我們將提出一些在決定挑戰獨立出版的當下，應該捫心自問的問題。這些問題沒有正確答案，因為，製作雜誌的途徑不勝枚舉，每個人都有自己的方法。不過，這些問題正是你構築事業的原點，也會帶出可能面臨的難題。

　　鮮少獨立雜誌，能單單以「雜誌」的型態生存，而其中，也僅有少數真的能夠養活其經營團隊。大部分雜誌工作者，都有其他的正職來支撐經濟，亦或經營商店、設計工作室等相關事業，而他們之所以願意承擔製作雜誌所帶來的繁重工作，全是出於渴求或熱情——可能是因為嗜好，例如詩歌、自行車，也可能是因為該雜誌是更大規模之商業模式的其中一環，作為展示商品、與客戶互動的媒介。

1. *Mo, issue kultur*, issue 32, Summer 2012；封面作品 Martino Gamper。

2. *Lucky Peach*, issue 10, February 2014
3. *PIN-UP*, issue 16, Spring/Summer 2014
4. *Cereal*, issue 5, 2014

《Monocle》雜誌經常被當作獨立出版的成功模式範例。2014 年 9 月，它將 5％的股份賣給日本經濟新聞社，市值達到 1,500 萬美元。這本雜誌只是品牌的一部分，該品牌的事業還包含一間門市、一個電臺，以及多家咖啡館，全都與總編輯泰勒‧布魯爾成功的精品品牌形象顧問公司 Winkreative 同步營運。而這種多角經營的規模可大可小。

泰勒‧布魯爾（Tyler Brûlé）的訪談請見第 122 頁。

《The Shelf Journal》是平面設計師摩根‧蕊布拉（Morgane Rébulard）及柯林‧卡拉德克（Colin Caradec）的遊樂場，是他們展現創意的地方，其規模和《Monocle》有如天壤之別，但是，對於每期購買的廣大讀者來說，那一點也不重要。

請確認自己的目標究竟為何，你的雄心有多大？你的雜誌是否將成為能獲利的主要職業，或僅是抒發創意的業餘出口？好雜誌具收藏價值，可以待在書架上好幾年，即使內容過時，還是值得一看再看，不會辜負被砍倒的樹。

「當今，紙本雜誌為何要存在？我能夠從中建立價值嗎？」

《Lucky Peach》亞當‧克雷夫曼（Adam Krefman）

經銷商薩沙‧西米奇的訪談請見第 84 頁。

2.

隨著技術日新月異，如今製作雜誌變得很簡單，只需要一些基礎電腦能力，就能夠設計和製作印刷品。市場萎縮下，印刷業者反而樂意承接少量訂單，而獨立店家更是熱情歡迎小眾雜誌，藉此提供客人新潮的選擇，同時在與商業連鎖書店及網路零售商相互較勁的戰場上，攻下一席之地。

不過，這畢竟是個無比競爭的世界，每月新推出的雜誌何其多，若你想吸引書店及報刊銷售店的讀者，還必須與已經建立客群的雜誌一較高下。任職於英國獨立經銷商 Central Books 的薩沙‧西米奇（Sasha Simic）表示，每週都會有三至四本新雜誌前來尋求經銷的可能性。

競爭環境促使雜誌必須維持高設計及編輯水準，若沒有良好品質，讀者不可能會埋單，而雜誌也就無法生存下去。《PORT》及《New York Times Magazine》的創意總監麥特‧威利（Matt Willey）說道：「現在是非常有意思的時刻。大家不斷在討論紙本將死，然而紙本實則未死。只不過，在紙本世界打下江山成了一件難事，但這其實是件好事。」

「我的創意有什麼獨到之處，值得為它砍樹？」

《PIN-UP》費利克斯‧伯里奇特（Felix Burrichter）

3.

在資源有限的狀況下，任何紙本讀物的出版者，都有義務審慎思量其產品的價值。許多獨立出版人採用再生紙，或是經由FSC（森林管理委員會，Forest Stewardship Council）認證的紙類及環保無毒油墨，並且引以為傲。當你向印刷廠詢價及討論印刷需求（請見第142頁）的時候，也應當將節約性列入考量。

請確保你想出版的東西有充分理由以紙本方式呈現，仔細評估手上的資源如時間、精力和金錢。若是更適合放在部落格和網站上的內容，沒道理大費周章將其製成出版物。購買紙本的消費者，通常都偏好值得珍惜、獨特而美好的內容。

如同《The Gourmand》的總編輯兼藝術總監大衛‧連恩（David Lane）所言：「大家喜愛品質良好的內容及質感。陳列在書架上的書籍看起來比放在硬碟裡好得多。」安德魯‧迪普羅斯（Andrew Diprose）也抱持同樣觀點：「若無意講究品質，且不夠真誠，那就沒有出版紙本的必要。」迪普羅斯白天在康泰納仕（Condé Nast）出版的英國版《Wired》擔任藝術總監，晚上則是獨立自行車雜誌《The Ride Journal》的製作者。

「對雜誌而言，紙本與數位同等重要。」

《Cereal》蘿莎‧帕克（Rosa Park）

4.

《Printed Pages》的個案研究請見第82頁。

即使是紙本雜誌，還是必須在網路上擁有能見度。網路內容至少要讓讀者能快速認識你的雜誌，更理想的狀況，是成為紙本雜誌的最佳拍檔。在網路上，可以玩出紙本無法實現的花樣，例如即時發布新聞，還可以上傳影片和動畫，若你妥善安排連結，還可以把使用者帶往特定地方。其實，許多紙本雜誌的前身都是部落格。

經營線上內容，能建立高忠誠度的讀者群，而這群讀者有部分即是紙本雜誌的潛在客戶。2009年，《It's Nice That》的創辦人威爾‧哈德森（Will Hudson）與合夥人艾利克斯‧貝可（Alex Bec）發行第一本同名雜誌（後更名為《Printed Pages》）時，銷售對象即是已準備要成為紙本讀者的線上狂熱粉絲。

先有讀者，才有雜誌。

「我的創意是否獨一無二？
誰會有興趣？」

《The Gourmand》大衛‧連恩

5.

《The Ride Journal》的個案研究請見第26頁。

即使你極度關心某個議題，但你得想辦法令其他人也投注相當的熱情，這是將雜誌推向成功的第一小步。在確認有特定群眾對議題感興趣後，你還必須讓夠多人知道它，驅使他們購買，同時持續提供足以令他們渴盼下一期的內容及設計。

「利基」並不一定代表「缺乏延伸性」，尤其當你的創意確實打動以往被忽略的市場時。由迪普羅斯兄弟安德魯及菲力普（Philip Diprose）創辦的《The Ride Journal》，每一期印量僅五、六千冊，總是一出刊就被自行車愛好者搶購一空。這本雜誌將故事分享、插畫及攝影結合在一起，著眼於騎士的真實體驗，於眾多強調硬體性能的同類雜誌中脫穎而出，受到目標讀者的深深愛戴。不論用什麼方法做雜誌，都必須全力以赴。

「你有沒有帶來新鮮事物？」

《Gratuitous Type》伊拉娜‧許廉克（Elana Schlenker）

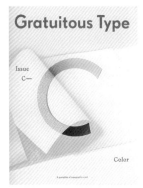

6.

想做獨立出版，你必須要有足夠的原創性，才算具備最基本的競爭力。凱西‧歐米迪亞斯是創新兒童雜誌《Anorak》的創辦人及發行人，她指出：「假如你經手的獨立雜誌每種都能賣出二萬冊，那叫無懈可擊；假如只有其中一本有這種銷量，那還是很棒——不過，若你同時有二十本雜誌，它們可能因此無法全數生存下來。」

哈德森同意道：「締造自己的不同之處，找到屹立不搖的理由。若你愛上別人的風格，乾脆主動聯繫對方，去他們旗下工作，協助他們更上一層樓，而不是妄想要做出一樣的雜誌。」

「獨立出版的世界滿是非凡出眾的作品，既獨一無二又鼓動人心，每每令我驚豔不已。」伊拉娜‧許廉克如是說。這位字體設計雜誌《Gratuitous Type》的創辦人還提到：「此外，還有滿坑滿谷的山寨版……他們僅是從《Apartamento》或《The Gentlewoman》等極為出色的雜誌裡隨便挑一期，然後試圖做出同樣的東西。」

「我真的想要這麼做嗎？獨立出版
稱不上事業，也不是收入優厚的工作，
而是一種生活風格。」

《IdN》克里斯（Chris Ng）

傑佛森·哈克
（Jefferson
Hack）的訪談
請見第 16 頁。

7.

所有的獨立出版人都會告訴你，這差事極
度吃力，且會完全占據你的生活；在完成
有趣的文稿和設計整合工作後，你還得訂
購條碼、整理訂單給物流中心、回覆讀者
各種疑難雜症，然後訂出下一期的印刷時
程，直到凌晨。

　　傑佛森·哈克是《Dazed & Confused》、
《AnOther and AnOther Man》的創辦人，這
些雜誌對他而言就是生命。他說：「假如你
要做，就必須活在其中。就算那不是你的全
職，也必須是你最熱衷的事物。我認為，好
雜誌其實就是執迷的昇華。」

「你準備好面對所有苦差事了嗎──
行銷、配銷、財務管理、稅務管理，
以及沒完沒了的裝袋……」

《Delayed Gratification》羅伯·歐邱德（Rob Orchard）

8.

　　傑洛米·萊斯里是 MagCulture 雜誌
平臺的創辦人，同時也是書籍《現代雜
誌：數位年代的視覺型新聞》（*The Modern
Magazine: Visual Journalism in the Digital Era*，
2013 年出版）的作者。他曾說，若有人
想要下海，請他指點迷津，他一定會回答
「不要做」。這時，若對方有所動搖，哪
怕只是一丁點，就代表他將難以成功。「獨立雜誌出版人
的資金或許不那麼充足，所以，絕對需要無可比擬的韌性
與決心。」

　　假如你看到這裡還沒闔上書，那麼，也許你有點機會
噢！

1.

訪談
出版商

傑佛森·哈克 Jefferson Hack
《Dazed & Confused》、《AnOther》、
《AnOther Man》總編輯
Dazed Group 創辦人

1991 年，《Dazed & Confused》發行第一期試刊的摺頁海報時，傑佛森·哈克和藍欽·維德爾（Rankin Waddell）還只是青少年，但他們從那時開始就不曾鬆懈。如今，這名當年的新銳已占有穩固地位，但其姿態仍然特立獨行。傑佛森·哈克將《Dazed》發展成小巧而成功的獨立王國，旗下雜誌還包括《Dazed Digital》、《AnOther》及《AnOther Man》。在獨立出版界中，其經驗和洞察力是大部分同業所望塵莫及。

出版首期《Dazed & Confused》的動機是什麼？

《Dazed》的前身，是由藍欽、我，還有同事伊恩·泰勒（Ian Taylor）所打造的學生雜誌《Untitled》。當時，藍欽就讀於倫敦印刷學院（London College of Printing，簡稱 LCP），而我在同所學校攻讀新聞學。藍欽了休學一段時間，並擔任學生會聯外負責人，那時他認為倫敦學院（London Institute）所有藝術學院應該要有本雜誌，由各學院來發行。倫敦學院是 LCP 的上級機關，同樣隸屬於倫敦學院的還有聖馬丁藝術學校（Saint Martin's School of Art）、切爾西藝術學校（Chelsea School of Art）、中央藝術與設計學校（Central School of Art and Design）及坎伯韋爾藝術與工藝學校（Camberwell School of Arts and Crafts）。

藍欽為此招募參與人員，而我是唯一上鉤的自願者。他問：「你知道誰是吉伯特與喬治（Gilbert & George）嗎？」我答：「不知道。」他道：「喔，他們是英國最有名的藝術家。你明天早上要去採訪他們，而我會負責拍照。」這就是我們一起進行的初次任務，亦是我們合夥關係的起點。一切發生得飛快，我們才第一次見面，隔天就一同工作了。

製作雜誌一直是你的夢想嗎？

是的。我一直都是雜誌迷，很愛收藏雜誌，如《Interview》、《Oz》等，以及在二手店找到的絕版舊獨立雜誌。我從小就十分喜愛《MAD》，但是《Interview》對我尤其重要。《Interview》讓我第一次感受到雜誌的真正力量，藉由文章、編輯等整體氛圍和躍然紙上的鮮活觀點，我的意識從英國海邊小鎮藍斯蓋特（Ramsgate）被帶往紐約，彷彿身歷其境，甚至能體驗當地的夜店文化。當時沒有網路，電視節目也乏善可陳；雜誌就是通往世界的大門，其威力和能量帶給我莫大衝擊，不僅賦予我自信與希望，還令我有機會接觸真正喜愛的事物。

2.

1. 傑佛森·哈克，攝影
Brantley Gutierrez。
2. 創刊首期 Dazed &
Confused（1991）為摺
頁海報的形式。

在我們創辦《Dazed》的時候，我才 19 歲。當時年輕氣盛，什麼也不在乎，管他什麼賺錢、吃飯，還是家人……，只管盡情享受我們在做的事，辦雜誌讓我的學生生涯充滿了意義。採訪他人並創作同人誌（fanzine），或是某種混合了摺頁海報與同人誌的東西，是我們回應時下社會動態的文化手段。

這本雜誌並非為創業而生，也絕非來自「市場缺口」，我們只是為朋友製作自己想看的雜誌。我們之所以與眾不同，是因為我們曾置身 1990 年初倫敦的各種風暴之中。後來，《Dazed》受到全球矚目，也成了我們周遭眾多了不起的人展現自我的平臺。

3.

你何時領悟到，《Dazed》已不再只是同人誌？

有幾個關鍵的轉變。其一，是它從摺頁海報雜誌變成騎馬釘雜誌，規格徹底改變，觀感也全然不同。

還有，我們首度以名人當封面人物，那真是非常棒的經驗。在那之前，我們從未與音樂人或其他名人合作過，有天接到一通電話，對方說：「我是碧玉（Björk），我非常喜歡你們的雜誌，我們可以合作嗎？」當下我震驚不已，察覺事情正在產生變化，他人開始看見並重視我們的觀點與作為，並且想要參與其中。

另一個轉捩點，是比爾・柯林頓（Bill Clinton）在 1997 年的一場演說中提到《Dazed & Confused》及其他數本雜誌，他說這些雜誌必須為「海洛因時尚」（heroin chic）的出現負責，結果，當期的《Dazed》銷售一空。我們急速推出另一期，在經濟條件允許之下，盡量提高印量，發行量也非常快速地往上衝，整整多了一個零！太驚人了。

1998 年，亞歷山大・麥昆（Alexander McQueen）為我們擔任「Fashion Able」一期的客座編輯，那期的封面人物是殘障奧林匹克運動會金牌得主艾米・穆林斯（Amiee Mullins），人物攝影由麥昆擔任藝術指導，尼克・奈特（Nick Knight）拍攝，凱蒂・英格蘭（Katy England）造型。雜誌一出刊，幾乎躍上所有全國性的報紙，而且從美

3. *Dazed & Confused*, issue 46, 1996；封面人物 Aimee Mullins，概念 Alexander McQueen，攝影 Nick Knight，造型 Katy England。
4. *Dazed & Confused*, issue 16；封面人物 Björk，為該雜誌第一次以名人作為封面人物。

國到南非、法國，掀起全球性的討論熱潮，引來各大媒體報導。那時，我們覺得《Dazed》已經算是雜誌。我們也從而發現，雜誌是否能擁有最大讀者群或登上暢銷榜其實不重要，重點在於當雜誌陳述出色故事時，是否具備足夠的影響力。那一期的封面極具衝擊性，在殘疾人士所感到的恥辱及社會歧視的議題上，掀起激烈爭論，而那是一場正面健全的論戰。

2001 年，你們推出半年刊《AnOther》，2005 年再推出另一本半年刊《AnOther Man》，並開啟數位出版事業。這些都是自然的發展嗎？

《Dazed》將近 10 歲時，我們發行《AnOther》，它誕生的原因不只一個，不過，主要是因為團隊中來了一批生力軍。問題是，我們的頁數不足以應付新來的攝影師、撰稿人及造型師，加上凱蒂·英格蘭、阿利斯特·麥基（Alister Mackie）、我，以及一些編輯等既有人員，大家每個月都在搶版面。有人開始得不到發言權，連參與機會都要排隊等待。

另外，我一直想做一本出刊頻率不同，且紀事篇幅更長的雜誌。因為製作《Dazed》時總是馬不停蹄，每件事都被要求快、快、快。而半年刊的發行頻率，比較符合時尚產業及時尚類廣告的周期。

4.

身為獨立出版人，你大可用自己的方式處理和廣告主之間的關係，而你處理得很好。這件事曾經困擾你嗎？

我認為，讓人看見成果是唯一手段。必須不斷創新、不斷做出成果，必須與時俱進，季季都需要超越極限，因為每一期雜誌都代表著你。從受到注目、被接受、獲得一些廣告主、保持關係，乃至從該關係進一步發展，這是非常漫長的過程，絕不是一夕之間就發生。《Dazed》花了 10 年歲月，《AnOther》在分家成立《AnOther Man》之前，也花了 5 年，這在數位時代，已經久得像一輩子，許多雜誌的壽命也不過如此。要與合作夥伴建立信任關係，除了花時間，沒有其他方法。

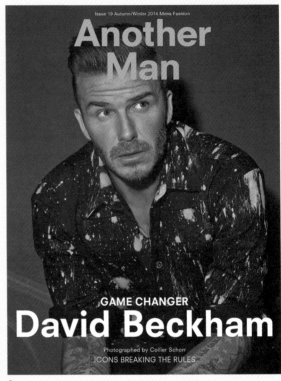

5.
6.

你曾經拒絕過廣告主嗎？

　　老實說，這要看狀況。由於我們的價目和定位，多數不適合的廣告主也不會想與我們共事。當網路上充斥著大量亂七八糟的廣告時，我們藉由設定非常高的 CPM（cost per mille，每千次廣告曝光成本）來篩選。我們不做自動廣告（automatic advertising），只做直接銷售，因此所有東西都會經過系統過濾。此外，假如客戶的廣告賣相不佳，且缺乏創造性，我們會主動聯繫：「這樣行不通，你們得解決。假如你們真的想勾起讀者的興趣，就必須換個創意，或者讓我們幫忙。」

線上版《Dazed Digital》的讀者是否不同於印刷版？

　　線上版的讀者較多，而且性別比例與印刷版不同。購買印刷版的讀者約有 80％是女性，數位版則約 65％。

你如何留住前來瀏覽網站的人，並且吸引他們不斷回來？

　　這全是文章的功勞，文章呈現的力量能讓讀者停下腳步。我們有幾種不同的說故事頻率，在網路上並非愈短愈好。許多標準都在改變，反響熱烈度（engagement）比點擊率重要。我們分析網站停留時間（time on site），以及所收到的互動，如留言，因為那代表讀者確實與某篇文章產生情感共鳴，很可能會「分享」或「按讚」。我們正從所謂的「點擊率取向網路」（click web）走向「關注度取向網路」（attention web）。瀏覽行為的衡量與量化方式已經變了，身為一個說故事的人，我對此非常感興趣。我想了解大眾關注的所有事物，而非只是他們點擊了什麼。

線上雜誌才剛起步，一定還有進一步發展，還會有更多美好的事物隨著網路的變化而出現。印刷品已經存在非常久了，現在看起來只有獨立雜誌還能做出一點趣味。1960 及 1970 年代是雜誌創造力的巔峰，現在很多概念都只是模仿當年，所以，為了做出有趣又具現代感的內容，你一定要當機立斷且付出最大努力。現在，網路上每天都有新東西，但我已經很少在紙本雜誌中看到新意，除了獨立雜誌以外，而那都歸功於獨立出版人投注的熱情以及心血。

獨立雜誌人有沒有什麼特權？

我只知道，沒有人會對我頤指氣使，因為我就只是團隊的延伸，我真的這麼認為。我不清楚其他雜誌的狀況，至少沒有人可以規定我要怎麼做事。

不過，獨立也代表一切都只能靠自己。我的工作方針經常不是受到數據和協定的驅使，而是情感，可以說「情緒型決策」是我對獨立的另一番解釋。但是我經常會因此受不了自己，覺得「我可以做得更好」，或是「早知道我應該那麼做」。因為我無法推卸責任，完全只能仰賴自己的判斷。

對於初出茅廬的獨立雜誌出版人，你有什麼建議？

替雜誌取個好名字，而且必須能夠得版權或商標。然後，建立良好團隊，挑選和你能力相當的人來共事，勝過與有經驗的人合作，整個團隊若擁有相同的知識背景和品味，成效會好得多。

確保你有數位管道，說白了，最好以數位為重。然而，這取決於你追求的目標，只做紙本獨立雜誌不是不行，但是一旦你需要商業行為，如今大部分的機會都在數位世界裡。

最後，請跳脫框架。《Dazed》創刊號的「編輯室報告」曾說：「這不是一本雜誌。」《Dazed》是一項行動，在我們採取的行動中，僅有少部分化作雜誌頁面上的內容。這也是《Dazed》之所以能如此長壽的原因，因為它不只是本雜誌；它有明確的目的——壯大青年文化，其影響力遠超越一本雜誌。

5. *AnOther*, issue 27, 2014；封面人物 Kate Moss，攝影 Collier Schorr，造型 Katy England。
6. *Another Man*, issue 19, 2014；封面人物 David Beckham，攝影 Collier Schorr，造型 Alister Mackie。

02

踏上冒險之路

建立出版模式

目標及抱負

定義自家雜誌的
「生命統計」

規劃出版模式

　　規劃一本雜誌，就要面對一連串決定，這些決定將影響雜誌的特性，無論是物質上的還是精神上的。想要萬無一失，規劃時，請先將雜誌視為「物件」，而非單純的「刊物」。

　　與團隊、合作對象，或是值得信任的朋友、顧問一起坐下來，逐一討論任何想法及第 25 頁的「出版規劃表」。本書將透過個案研究，呈現不同出版模式的眾多面向，以及涵蓋各種論題的豐富資訊，在面臨重大決策時，這些訊息都能給你幫助。

　　你絕對不會想為了盡情創作而債臺高築。因此，你需要符合現實的方法，打造出能自給自足、永續發展的出版模式。請按照本章提供的步驟來構築你的雜誌計畫。

　　眾多獨立出版人的雜誌都不足以負擔他們的生活花費；雜誌對他們來說，多是利用夜晚及週末進行的心之所愛，亦或只是他們本身專業的延伸——如寫作、設計或攝影等。的確，雜誌或許是展現才能的園地，也可以是一番事業，然而，獨立出版人的直接動機絕非賺錢，而是 3C：創造力（creativity）、合作（collaboration）及溝通（communication）。他們想要的唯一報酬，就是擁有集結出色事物的機會，與才華出眾的人們一同實踐，最終將成果送到讀者手中。

　　除此之外，當然也有獨立出版人希望將雜誌經營成一門好生意，在展現獨立價值時也創造實際價值。若要做到這件事，就需要完全自給自足、甚至有收益的出版模式。2014 年於德國漢堡舉行的獨立出版會議 IndieCon 中，卡蒂·克勞斯（Kati Krause）為 MagCulture 採訪報導一場出版人的辯論會，據報導《Weekender》雜誌的創辦人迪爾克·蒙克穆勒（Dirk Mönkemöller）說：「我不想以雜誌為生……因為這麼一來，我可能會為了獲利而需要做有違自己意願的事，我擔心雜誌的精神會因此改變。」《Emotion》雜誌及《Hohe Luft》雜誌的發行人卡塔琪娜·莫爾沃夫（Katarzyna Mol-Wolf）則說：「我希望雜誌賣得好，並且能夠負擔我的花費。我不要因為做獨立雜誌而餓死街頭。」這兩種聲音反映出獨立出版的兩面。

　　那麼，你想要的是哪一種？

1.

「你必須充滿熱情，最好有點瘋。」

《PIN-UP》費利克斯·伯里奇特

1. 2015 年 IndieCon 展中向觀眾致詞。

關鍵統計數據

雜誌的財務計畫以及合理性，與內容和設計一樣重要。在做重大決策之前，先擬出各個數據，這些數字都會影響「物件」。

最好從擬訂清楚的計畫開始，初始的規模不用大，日後隨時都可以調整及拓展。在決定印量、出刊頻率及收入來源等基本事項之後，你將一步步拼湊出完整的藍圖。

若你一開始得自掏腰包，從小規模起步，請按部就班，步步為營。假如，初創就想大張旗鼓地發表雄心勃勃的宣言，一定要規劃極度詳盡的執行細節，並尋找投資人。對於印量，你可能少至僅印 500 份 32 頁 A4 尺寸、騎馬釘雜誌，且每兩年才出刊一次，送給部落格讀者或社團會員；也可能是規模大至每月 10 萬份的月刊，並且銷售至全球書店及報刊銷售店，同時刊登各大國際精品品牌的廣告。大多數的獨立雜誌皆落在兩者之間。

《It's Nice That》的威爾·哈德森如此說道：「我不認為初始印量僅 1,000 份有什麼丟臉，甚至不需要一出手就做出一本雜誌。可以先做份報紙，展現你的編輯風格，然後想辦法讓人們拿到它。」

《Wrap》雜誌就是從報型雜誌（newsprint publication）起家，不過，在其創立者波莉·格拉斯（Polly Glass）及克里斯·哈里森（Chris Harrison）累積讀者後，如今已是 104 頁的膠裝雜誌。格拉斯說：「相較於今天的規格，創刊號的《Wrap》十分陽春。然而，作為測試想法可行性和觀察消費者反應來說，這樣的成本較負擔得起。很幸運地，我們的概念大獲好評，從那時開始，這本雜誌便能夠自力更生了。」

「創作時，應感到自在。」

《Eye》賽門·伊斯特森（Simon Esterson）

2.

3.

《Wrap》的個案研究請見第 58 頁。

2. *Wrap*, issue 1, 2010
3. *Wrap*, issue 10, 2014

出版規劃表

檢討	考量	諮詢與參照
印量多少？	市場調查及預算評估。 根據市場現況，你估計每期可賣出多少？你的經濟能力可負擔多少印量，以什麼方式銷售？ 群眾募資（Crowdfunding）或線上預售有助於決定印量。 若你有計畫承接廣告業務，就需要足夠印量來吸引品牌。	配合的印刷廠商：了解工項與花費。 配合的經銷商：可能的鋪貨數量。 第 8 章：學習理財規劃。 第 144 頁：學習決定印量。 潛在廣告主：了解他們的期望。 第 7 章：學習尋找廣告主。
出刊頻率為何？	你想出版月刊、雙月刊、季刊、半年刊，還是年刊？思考你能付出多少時間、雜誌內容的類型、你代表的社群，以及你的讀者會想以什麼形式閱讀雜誌。出刊頻率直接影響到成本及收入。	其他同類市場的雜誌調查。 第 8 章：關於現金流量的忠告。 第 30~31 頁：關於出刊頻率的指南。
是否承接廣告？	根據內容類型評估市場條件。是否有足夠的品牌想刊登廣告？你要如何與其他雜誌競爭？你是否願意為贊助商在編輯上妥協？你能否在沒有廣告營收的情況下達成目標？	品牌：試著估算潛在廣告主感興趣的程度。 其他雜誌：統計同類競爭雜誌內的廣告數量及類型。 第 7 章：廣告相關。
銷售通路為何？	你能夠投資多少時間精力？你能否自行處理配銷業務？ 若你計畫承接廣告業務，發行數量絕對是愈多愈好。此時，與經銷商合作勢在必行。	第 6 章：關於配銷。 第 96~97 頁：關於自助銷售。 經銷商：了解他們的服務內容。
定價多少？	切勿憑空想像。你需要賺到多少錢才能負擔成本？讀者能接受的價格為何？你的商業模式有多大比例仰賴零售收入？	同類型市場：其他雜誌的定價為何？ 配合的經銷商：收入的拆分比為何，以及何時可以收到款項。

隨興而為或戰戰兢兢

The Ride Journal

頻率：約每年 1 次
印量：5,000~6,000 冊
定價：8 英鎊
創刊資金來源：群眾募資
全職員工人數：無（兼職編輯、兼職藝術總監）

出於對自行車的熱情，迪普羅斯兄弟安德魯及菲力普創立《The Ride Journal》。這本雜誌是他們閒暇之餘的樂趣，用以展現插畫家與攝影師的作品，並且述說關於自行車騎士經驗的故事。他們解釋：「我們先釐清印刷成本，然後賣出足夠的廣告以支付印刷費用——廣告主全是我們透過自行車比賽、店家及朋友認識的人。我們直接上門，問他們要不要買一頁 400 英磅的廣告，直到有足夠的資金，我們才進行印刷。我們的廣告收入幾乎可以負擔所有印刷成本，而雜誌銷售淨利則全數捐出來做公益。」

Disegno

頻率：半年刊
印量：20,000~30,000 冊
定價：8 英鎊
創刊資金來源：個人貸款與存款
全職員工人數：8 名

《Disegno》創刊於 2011 年，創辦人約漢娜・阿格曼・羅絲（Johanna Agerman Ross）做這本設計雜誌比全職工作還投入。她效法時尚雜誌的作法，每年出版兩次，且透過精品品牌廣告獲取資金。《Disegno》的收入來自於雜誌銷售、廣告業務和活動，還有一間為品牌提供內容產出及編輯服務的工作室。阿格曼・羅絲指出：「廣告業務會隨著每期雜誌的發行愈發成長與壯大，我們十分幸運，從第 3 期開始，Saint Laurent 前來與我們洽談，表達想刊登廣告的意願。那對我們來說意義非凡，因為那實現了我正著手進行的事：打造一本刊登時尚廣告的設計雜誌。」

水到渠成或埋頭苦幹

Acid

頻率：每 6~12 個月
地點：法國
印量：2,000~3,000 冊
定價：12 歐元
頁數：144 頁

衝浪雜誌《Acid》以衝浪一般的氣勢登場，如主編歐莉費耶・塔爾伯（Olivier Talbot）所言，在熱情下誕生的《Acid》代表了「美麗、創意、樂趣」。創刊號的印刷及寄送費用為 4,400 歐元，大多由廣告業務的收入來負擔。隨著雜誌持續出版，目前的收益來自於雜誌銷售（65％）及廣告業務（35％）。塔爾伯表示：「我們想將這本雜誌視為展覽，原本各自獨立的當代文化透過衝浪而緊密相連……執行完全操之在己的計畫超級有趣……我們沒有任何人是為了賺錢而投入。」

Lucky Peach

頻率：季刊
地點：美國
印量：100,000 冊
定價：12 美元
頁數：172 頁

美食期刊《Lucky Peach》在美國獨立圖書出版社 McSweeney's 的庇蔭下誕生，於 2013 年成為真正的獨立雜誌。除了雜誌銷售之外，廣告業務也是其收入來源，有印刷版及網路版本，且計畫出版叢書及推出電視節目。《Lucky Peach》配銷原則是「能賣就賣」，他們與數家經銷商合作，配銷至書店及書報攤。發行人亞當・克雷夫曼指出，他認為能提高廣告收入是雜誌成功的指標之一。

物件分析

　　紙本雜誌首先需要決定形狀與尺寸。除了美學意涵及厚度，尺寸也與成本息息相關。請與印刷業者討論最經濟實惠的開本及頁數，思考怎麼樣才能令這個「物件」成為內容的最佳傳播媒介。

　　配銷方式可能也會影響尺寸和形狀——能否壓低郵寄費用，能否在零售商架上顯得醒目——請檢討哪一項對你而言比較重要。基本規格一旦定案，日後想要改變可能需費一番工夫，所以務必謹慎思量。

　　威爾・哈德森是創意公司 INT Works 的創辦人，同時也是《It's Nice That》（2009 年）及《Printed Pages》（2013 年）的發行人，準備出版《Printed Pages》時，他與團隊詳加琢磨了第一本雜誌《It's Nice That》的出版模式，從經驗中學習。他認為《It's Nice That》之所以走向停刊（2012 年），是因為創刊初期過於執迷於高規格紙張與製作水準，犧牲了經濟上的延續性，最終被沉重的廣告以及銷售壓力擊垮。

《Printed Pages》的個案研究請見第 82 頁。

　　休息一陣子後，他們重起爐灶，從頭擬定計畫，抽絲剝繭，策劃新的雜誌。哈德森提到：「在我們於 2013 年 3 月推出《Printed Pages》時，甚至一本都還沒有賣出就已經達到收支平衡，因為製作水準合理化了。我們認真計算投產成本、確認能賣出的廣告及獲得的贊助，最後所需的銷量低得不能再低，一發行就宣告成功！」

「挑戰現狀往往能帶來
非常有趣的結果。」

《It's Nice That》威爾・哈德森

4. *It's Nice That*, issue 2, October 2009

5. *Printed Pages*, issue 2, October 2009

4.

5.

適得其所的尺寸與形狀

檢討	考量	諮詢與參照
尺寸	**雜誌內容的類型為何？** 比起詩詞類文學雜誌，刊載大量圖片的攝影類雜誌需要更多版面空間。	合作的設計師或藝術總監。 第 4 章：關於文稿設計的決策方針。
	精算紙張用量：印刷用紙的尺寸是固定的，因此某些開本會最省紙張。	配合的印刷廠商。 第 141~142 頁：關於印刷業者與送印。
	郵資及包裝：尺寸對運費有什麼影響？寄往海外的郵資是多少？你會自己寄，還是交由物流中心或經銷商處理？多數郵寄服務皆是根據尺寸、重量及數量來訂定收費門檻。	你將配合的郵寄或物流服務單位：詢問他們能夠提供的服務。 第 6 章：將雜誌送到讀者手上的各種方式。
頁數	刊物的頁數必須遷就印刷需求，一般而言都是以 16 頁為單位。若要將紙張做最有效利用，總頁數就要是 16 的倍數；其次是 8、再來是 4 的倍數。	配合的印刷廠商：詢問不同紙量的費用。 第 56~57 頁：進一步了解落版單及頁數。 第 136~139 頁：印刷專家訪談。
	實際內容為何？有多少固定單元？分別占據多少篇幅？單元結構固定，還是每期有所不同？請製作「落版單」以確認各篇內容的位置。	第 4 章：關於編輯上的決策與落版。
	預算評估：你負擔得起多少紙張？應以預期的雜誌收入來決定合理預算。	第 8 章：成本計算與現金流量相關。
裝訂方式	**騎馬釘、膠裝，還是線裝？** 裝訂雜誌的方法有許多種，不過，有時需視你的頁數及選用紙類來決定。	配合的印刷廠商：詢問他們提供哪些裝訂服務。
	裝訂成本：花俏精緻的裝訂方式可能所費不貲。	配合的印刷廠商：詢問裝訂費用。 合作的設計師。

如何決定出刊頻率？

連載刊物以各種形式存在於我們的生活中，已達數世紀之久，然而過去十年來，數位科技及線上閱讀徹底改變了整個生態，網路及社群媒體在資訊發布功能上，已然勝過期刊。出刊頻率可能受營運規模影響，週刊及月刊是商業出版較能做到的形式，他們擁有龐大的團隊及大量後勤人員來分攤雜誌製作工作，能夠應付緊湊的出版時程。而對於規模較小、自給自足的獨立出版人，不論從人力或金錢的角度來看，通常都沒有足夠的資源在一年內出版超過四次。

不過，出刊頻率並非完全視資源而定，也可能與你的產業或社群有關，時尚刊物就是個經典例子。時尚出版界從 2000 年開始，出現大量的半年刊，以符合時尚活動春夏季及秋冬季之分。

編輯立場也會影響出刊頻率：於一年之中特定的時間點發聲，可能會為你樹立某種編輯特質。《The Gentlewoman》不斷締造成功且持續成長，只要他們覺得有需要，一年出版超過二次並非難事，然而，維持半年刊型態之於他們的編輯風格，是不可或缺的要素。總編輯佩妮‧馬丁（Penny Martin）表示：「在適當的時機發表高水準內容，跳脫市場上千篇一律的內容，這才是我們要的。當讀者身處無窮無盡的嘈雜聲之中，保持可靠、明確且編輯上的精準非常重要。」同樣地，《Delayed Gratification》的編輯理念也與其每季出刊一次的頻率息息相關。助理總編輯馬修‧李（Matthew Lee）解釋：「有別於 24 小時即時更新的新聞及其對突發新聞的執著，我們述說的新聞內容還包含事後三個月以來的探討。我們希望提供不同於其他媒體的觀點，並補充其他媒體未報導的故事。」

對於如飢似渴的讀者，儘管他們曾經歷過網路時代開始前的世界，紙本雜誌也不再是通往創意、潮流及資訊的唯一途徑。紙本雜誌開始放慢腳步，慢至接近書籍的出版速度，在使用近似書籍的製作水準，與維持期刊原本的時間感和即時性之間找到平衡點。根據雜誌零售商馬克‧羅伯孟（Marc Robbemond）的觀察：「半年刊變多了，而且有愈來愈多季刊轉型為半年刊。這絕對與金錢、時間有

佩妮‧馬丁的完整訪談請見第 46~51 頁。

6.

7.

8.

關，許多人都是以另一份全職工作在支撐雜誌事業。保持雜誌的品質前後一致很重要。」

每年出刊兩次，可以成為某種儀式，當每次出刊日接近時，你可以設法吊胃口、廣加宣傳、大張旗鼓，藉此促進銷售。每當我們首次推出某樣新事物，就會獲得設計及藝術社群的大量支持，他們會為我們宣傳，並且互相討論。」《It's Nice That》的威爾·哈德森說：「不過，假如你一年做同樣的事四次，感覺就沒那麼有趣。但若是一年僅兩次，就能使其更有份量，也更令人滿心期待。」

製作半年刊雜誌，便更能投注心力在文稿及設計上，使其品質媲美書籍。《Noon》的總編輯捷絲敏·拉茲那漢（Jasmine Raznahan）表示：「我喜歡創作引人入勝且印象深刻的東西。這樣的出刊頻率讓我們能以略為不同的方式對待每一期，例如嘗試新的特別色、燙金、打凹凸印（deboss）、用紙、裝訂方式及字體設計等等。」

半年刊的頻率也適用於規模小、需要一人分飾多角的雜誌團隊。許多獨立雜誌在發行一段時間後，都決定從季刊轉型為半年刊，包括《Port》、《Cereal》和《The Carton》。減少出刊頻率，讓團隊能夠精進文編水準、增加每期頁數，以及製作出更勝以往的內容；當然，還可以減少年度生產及配銷成本。

上架

請盡早著手處理配銷這個令人望之生畏的難題。對於出版人來說，在做出內容出眾的美麗雜誌後，最後落得只能塵封在紙箱裡不見天日的下場，是最叫人氣餒的事。要決定如何將雜誌送到讀者手上，你不僅需要清楚各種配銷方式帶來的收益，還必須了解你的讀者個性，以及他們習慣如何消費。有些雜誌透過線上銷售即可觸及現成的市場，其餘則需要陳列於商店。另外，所有的環節都需要認真考量，譬如從印刷廠收到雜誌後，要存放在哪裡？要用什麼方式寄送給訂閱者？

更多關於配銷的資訊請見第6章。

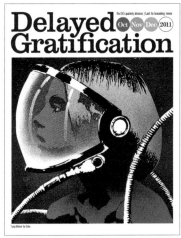

9.

10.

6. *The Gentlewoman*, issue 9, Spring/Summer 2014；特別報導 *Pocket* 跨頁。攝影 Maurice Scheltens & Liesbeth Abbenes，造型 Sam Logan。
7. *The Gentlewoman*, issue 8, Autumn/Winter 2013；刊頭頁 *Breakfast*，攝影 Maurice Scheltens & Liesbeth Abbenes。
8. *The Gentlewoman*, issue 2, Autumn/Winter 2010；封面人物 Inez van Lamsweerde，攝影 Inez and Vinoodh。
9. *Delayed Gratification*, issue 5, October-December 2011
10. *Delayed Gratification*, issue 11, April-June 2013；關於摩爾多瓦孩童無父母撫養的文章。

《Disegno》推出後很快就獲得商業上的成功，在短短三年內，就能夠負擔其辦公室花費及聘請八名全職員工，這在獨立出版界中十分罕見。這本雜誌隸屬於 Tack Press，是間擁有兩本雜誌的小出版社兼創意工作室。於此，阿格曼·羅絲將針對縝密計畫、對出版趨勢的先見之明，以及對商業夥伴的同理心，說明這些要素如何為她的雜誌事業打造堅不可摧的基石。

1.

《Disegno》採取什麼出版模式？

　　我不能說它具備革命性，因為我們仍是由廣告來支撐，不過，當初之所以會想出一些不同的作法，應該是來自半年刊時尚雜誌的啟發。精品品牌渴盼每年能在好看的雜誌中刊登兩次廣告，而我認為設計類雜誌市場沒有發現這件事。

　　當我任職於《Icon》時，我曾經感到沮喪，因為從編輯角度來看，時尚無關緊要。我一直都希望時尚能與設計受到相同的重視。於是我用《Disegno》呈現更有深度的時尚內容。

　　《Disegno》開發出一個設計類的小眾市場。光是 2014 年，就有三本新推出的設計半年刊，我認為《Disegno》樹立了某些榜樣。這些新雜誌全是獨立出版，我們似乎建立了一種其他人會來參考的形式。

訪談
新創公司

約漢娜·阿格曼·羅絲
Johanna Agerman Ross
《**Disegno**》發行人兼總編輯

你如何籌措《Disegno》的創刊資金？

最初的資金來自我個人的存款，以及向一位學生時代朋友借的錢，而我在一年後就還清了。此外，我非常努力爭取印刷用紙和印刷廠的贊助，同時也請協作者（contributor）免費撰稿及攝影，以換取旅費——報導主題都是我決定的，我會支付他們前往採訪的旅費。

你與紙商及印刷廠之間的合作關係如何？

我覺得用紙和印刷非常重要，對於身為發行人及創辦人的我來說，親身參與這些工項，並去了解它們對雜誌的意義事關重大。我們從一開始就與義大利紙廠 Fedrigoni 合作，我花了非常多時間去找尋一間能夠建立良好關係的紙廠。離開《Icon》後，我幾乎整整一年都在建立那些關係。與 Fedrigoni 進行討論總是十分美好，我們每期都會向他們尋求意見，詢問他們覺得該期雜誌看起來如何。他們對我們一直都是半贊助的關係：我們每次都會付款，但也許不是全額，而我們也常和他們一起進行其他項目，合作愉快。對於他們想推廣的東西，我們也總能很快察覺。與 Fedrigoni 建立的關係，為《Disegno》奠定了良好基礎。

1. 約漢娜‧阿格曼‧羅絲，攝影 Ivan Jones。
2. *Disegno*, issue 6；特別報導 *Seeing Through*，攝影 Ina Jang 張仁雅。

White embellished plastic
coat and ivory satin side
pleats slip by Simone Rocha.

Seeing Through

Transparency in fashion is not
always about straightforward
exposure. It can reveal as much
about the designer as it does
the body beneath the clothes.

WORDS Tamsin Blanchard
PHOTOS Ina Jang

2.

線上平臺《Disegno Daily》扮演什麼角色？

假如做半年刊，就有更多機會可以架設網站，並使其成為熱議話題，以及一個供大家討論及了解最新資訊的地方。我一直覺得網站與雜誌必須相輔相成。

系列活動是另一個新加入的項目。我們辦過座談會、電影放映及巡迴活動，不勝枚舉，希望能不斷創新。

我當時覺得，既然我是從零開始，就不需要先做雜誌，再從雜誌向外拓展。同時間進行所有事情對當時來說十分重要，否則就會陷入無法脫身的固定循環。做雜誌很費時，你可能會質疑：「我怎麼可能有時間分身再做其他事？」然而，只要你做好長期抗戰的準備，並在日後使每件事更趨完善，就能過關斬將。

我們於 2011 年秋季創刊，2010 年秋季，我寫了一份文件，以釐清我的理念：除了時尚、設計及建築，還有另外三大元素——實體活動、印刷紙本、線上資源。缺一不可。

你的印量是多少？如何配銷雜誌？

我們的印量是 20,000~30,000 冊。美國連鎖書店 Barnes & Noble 前陣子開始進貨，由於他們據點眾多，訂購量頗大，因此最近我們的銷量上升了，這是業務團隊致力於拓展配銷範圍的成果。Comag 是我們的經銷商，將每一期雜誌運往各地，我們也與獨立代理商配合，由他們負責推銷《Disegno》至 Barnes & Noble、日本的某間書店或其他店家。

最初的一年半，銷售情況十分令人沮喪。我不斷打電話、出門拜訪，不管去哪都在推銷雜誌，隨時隨地都把雜誌帶在身邊。但這樣耗時的成果，仍是僅有在這些我們親訪的地方看得到《Disegno》的蹤跡。我們現在依然保有部分這類業務，不過每期雜誌都能全數鋪到市面上了。

3.

你還有其他配銷通路嗎？是否有透過 WHSmith 等連鎖書店來販售呢？

從 2014 年秋季起，我們開始在設於機場及火車站的 WHSmith Travel 書店上架。這也是我們印量大幅增加的另一個原因，他們讓《Disegno》擴展到英國及其他國家。

我們從最初就透過網站在美國聚集了龐大讀者群，首位訂閱者也來自美國，所以我們知道那裡有大量熱愛雜誌的讀者，然而，我們仍不認為自己有足夠的銷售據點。除了 Barnes & Noble 之外，《Disegno》在紐約蘇活區中心的 McNally Jackson 等書店似乎也有很不錯的銷量。

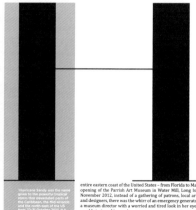

The central spine runs the length of the building with the galleries flanking it.

urricane Sandy[1] swept the entire eastern coast of the United States – from Florida to Maine – four days before the planned opening of the Parrish Art Museum in Water Mill, Long Island, New York. As a result, on 2 November 2012, instead of a gathering of patrons, local artists and the museum's architects and designers, there was the whirr of an emergency generator, a handful of security guards and a museum director with a worried and tired look in her eyes, wondering when the electricity would start working again.

At least the building remained intact, having withstood the hurricane force winds and the debris it swept along with it. Sandy was the museum's second hurricane in as many years and the building is subject to a stringent hurricane code[2]. "Scientists have been awaiting the hurricane cycle for a while and now it's starting, so this was a reminder of why the code is in place," says Terrie Sultan, the Parrish Art Museum director.

It's an overcast autumn day, but despite the cloud coverage the light is painfully bright as I step from the car outside the Museum. The light is one of the reasons why this place, the East End of Long Island[3], has become such a popular destination for artists since the Long Island Railroad extended its services to Southampton in 1870[4]. The East End is only two hours from Manhattan, and the stream of artists heading there has never stopped, starting with the founder of American Impressionism William Merritt Chase[5], who established a school for plein-air painting[6] here in 1891, and continuing with Fairfield Porter[7], Jackson Pollock[8], Lee Krasner[9], Willem de Kooning[10] and Roy Lichtenstein[11]. Even the contemporary art scene pays attention to the East End, with people like Ross Bleckner[12], Eric Fichl[13], Chuck Close[14] and Elizabeth Peyton[15] establishing studios in the area. It is this long list of artists and their relationship to the location that has made the new incarnation of the Parrish Art Museum possible. And yet, for a while, it looked like it wouldn't happen at all.

The Parrish Art Museum was established in 1898 by the wealthy lawyer Samuel Longstreth Parrish[16] in Southampton, 10 minutes by car from Water Mill. Parrish's museum housed a collection of Italian Renaissance paintings, as was a la mode for the wealthy at the time. Although he donated some of the land for the establishment of Chase's Shinnecock Hills Summer School of Art, he never collected art by his contemporaries. It wasn't until the 1950s, with the donation of a collection of American paintings by the then president of the museum's board Rebecca Bolling Littlejohn, that the museum adopted the focus it has today: modern and contemporary American art from the local area. "We are a regional museum and we are very proud of the region, because who hasn't worked here?" asks Sultan rhetorically as she walks through the echoing, new museum. The galleries are not yet completely installed and there is a beauty to the half-unpacked crates – some paintings still under wraps, others leaning >

[Footnotes in left column:]
[1] Hurricane Sandy was the name given to the powerful tropical storm that devastated parts of the Caribbean, the Mid-Atlantic and the north-east of the US from 23–31 October 2012. It is the largest Atlantic hurricane on record, categorised as level 3 at its peak.

[2] The building regulations are there to mitigate damage in the case of a hurricane. They regulate roof and glazing systems, types of building material, foundation, wall and beam construction, structural designs and egress.

[3] The East End of Long Island is comprised of five townships within New York's Suffolk County: East Hampton, Riverhead, Shelter Island, Southampton and Southold as well as Long Island's North and South Fork.

[4] The Long Island Railroad (LIRR) was established in 1834 as a New York-based commuter railway system that stretches from Manhattan along the length of Long Island to the eastern tip of Suffolk County.

[5] William Merritt Chase (1849-1916) was an American Impressionist painter and teacher, known for his portrait and landscape paintings.

4.

3. *Disegno*, issue 3, 2012；封面作品 Ola Bergengren。
4. *Disegno*, issue 4, 2013；Parrish Art Museum 特別單元，攝影 Janette Beckman。

你的零售讀者較多，還是訂戶？

零售讀者絕對較多，我想這是因為《Disegno》是半年刊。月刊型雜誌的訂閱量比較大，因為讀者擔心錯過；反之，對於半年刊，讀者會比較想每期都自己出門去買。我們的訂閱者包含博物館及學校等類型的機構，也有一些公司行號。現在這類訂閱者有增加的趨勢。

廣告業務是否窒礙難行？現在情況有所改變嗎？

與廣告主之間的關係必須時時灌溉、討其歡心、悉心照料。許多雜誌以為，假如他們賣廣告版面，就必須去迎合廣告主到某個程度，而我們極力避免這麼做。我們有自己的編輯立場，且認為應當態度堅定，廣告對我們來說，必須是要能夠與內容相得益彰的東西。我將廣告視為雜誌十分重要的部分，因為，我個人認為只要處理得好，雜誌內的廣告非常值得一看。可惜，設計產業在這一點上仍遠不及時尚產業。時尚產業每季皆投注大量預算於規劃極其有趣、美麗的廣告活動。反觀設計產業，你經常會看到某個品牌長時間使用相同的廣告，可能長達一年，甚至更久。比起閱讀《Vogue》9月號時的怦然心動，那一點都不鼓動人心。

你如何定價？8 英鎊實在太物超所值。

我們原本的定價是 15 英鎊，但後來為了國際市場而調降價格。國外的雜誌價格非常難以掌控，因為每個地方的稅收都不盡相同。對於印刷品，英國不會課稅，但是歐洲的課稅比例則可能介於 6% 到 25% 之間，導致終端售價南轅北轍。終端售價倘若高達 35 歐元，根本不會有人埋單，降低定價是拓展銷售的必要手段。

儘管當下覺得很傷本，但從長遠角度來看，我們因此建立了範圍更廣的經銷據點。這絕對是個好結果。

《Disegno》有過哪些重要時刻？

第一個重要時刻，是我們發現廚房已經塞不下了。原本我們認為工作空間是一筆必須省下來的錢，然而我們每天醒著就是在工作，為了生活品質著想，也因為確實有需要，在檢視財務狀況後，發現我們其實已經有能力負擔一間辦公室，那真的是個重大時刻。離開家門去上班的第一天，我的心情好極了。

還有，決定將某些工作分攤出去時，也是很特別的時刻。本來，我每週都會親自打掃辦公室，直到幾個月前我才領悟，花錢請人來打掃的經濟效益更高。那個當下對我們來說，真是意義非凡。

5.

6.

7.

8.

那些事是雜誌人該積極思考的？

辦雜誌究竟會花多少時間，其實很多人都沒想過。你是否準備好為辦雜誌做出犧牲？假如你希望它未來是個能夠維持你和同事生計的事業，那將非常、非常地費時，而且你必須耗費數年光陰才能達成目標。

然而，有時其實什麼都別想比較好。假如當初有人告訴我這一路上會經歷些什麼，我當下應該會直接放棄。不過，就因為我在迷宮裡摸索出口，最後終於成功做出成品，還能養活自己與團隊，甚至負擔辦公室的租金……，實在非常有成就感。然而我還是得說，辦雜誌的人必須具備極度頑強的心理素質。我的先生及工作夥伴馬可斯（Marcus）和我，都受益於這種特質。

一定要對自己的主題懷抱熱情。我們都不是生意人，我的專業是設計和撰文，馬可斯則是造型及攝影；《Jocks and Nerds》的一切都是馬可斯熱衷的事物，而《Disegno》的內容則是我會想要站到屋頂上大聲說給全世界聽的事。假使你沒有真正熱衷的興趣，就很容易在事情不順遂時放棄。你必須相信自己在做的事，最好到盲目的地步。

03

認識
團隊成員

雜誌團隊、協作
者、自由工作者
及供應商

身兼多職的雜誌游
牧民族

主力人員

若想讓雜誌長長久久，組織合適團隊是最重要的事之一。在創辦之初，你或許已經有固定的合作夥伴，也可能需要另覓人選來孕育雜誌、打造精美視覺，並銷售出去。無論規模如何，雜誌團隊的關係將會非常緊密，你們會一起度過無數通宵打拚的夜晚，一起做出艱難的決定。因此，團隊夥伴們最好能有共同目標，且對自身任務有相似的認知及態度。

獨立雜誌領域中，多位資深編輯皆指出，理想團隊中的每個人最好能力相當，創辦人不應為了想快速擁有成績，而去召募已建立名聲的人；讓每個人表達意見的機會均等，撰寫自己熟悉的事，而不是別人想聽的話。《The Gentlewoman》總編輯佩妮‧馬丁說：「那些我認為非常出色的雜誌，初衷都是為了家人或朋友而做。它們並非特異獨行，而是因此發出無比自信，並且擁有明確的調性。」

與能並駕發展、互相敬重的人共事。出眾的雜誌不能是一言堂，坦率、由衷的雜誌需要多位強大領導人——筆底生花的總編輯、別具匠心的平面設計師、超群絕倫的攝影主編……。三位的實力必須相當，假如其中一位能力不及他人，就會拖垮整體表現；讀者可能邊翻著雜誌邊嘟囔：「照片拍得真好，但文字就……。」

「對的人、對的創意，整合起來就會發生化學作用。」

《Port》丹‧克羅（Dan Crowe）

介紹成員

「版權頁」是列出所有參與人員的頁面，有時非常長，如《Monocle》；有時屈指可數，如總是一人獨撐大局的《Offscreen》。版權頁的寫法和分層，雖有出版慣例可循，但現今有愈來愈多獨立雜誌採用新的分工方法，且團隊人數較少、較不固定，每個人的角色定義較不清楚，工作範圍也超出傳統定義上的「發行人」或「藝術總監」等。無論經營規模大小，版權頁都需確實提及每位曾出錢出力的人，說明其職責，且讓讀者能輕易找到他們的名稱與聯絡資訊。版權頁在任何刊物中都是非常赤裸的頁面。

賽門‧伊斯特森及約翰‧沃特司（John Walters）的完整訪談請見第 70~75 頁。

獨立出版雜誌人都是聰明敏銳、十項全能的游牧民族，漫遊在他們的編輯角色及其他工作之間。《Eye》的賽門‧伊斯特森說：「獨立雜誌意味著團隊小巧、靈活。」伊斯特森與主編約翰‧沃特司一同打造《Eye》，除了擔任藝術總監一職及設計雜誌等主要工作之外，他也負責訂購、郵寄和管理訂閱促銷等。製作雜誌就該參與創作、製造及配銷的各個層面。

團隊人數會根據不同的工作階段而增減。例如在設計階段，或在雜誌上架、處理訂單時，人員通常會變多。

「選擇夥伴是最重要的事。」

《Perdiz》瑪它‧普依德瑪莎（Marta Puigdemasa）

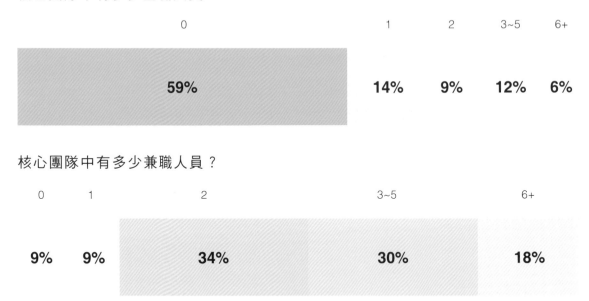

核心團隊中有多少全職人員？

0	1	2	3~5	6+
59%	14%	9%	12%	6%

核心團隊中有多少兼職人員？

0	1	2	3~5	6+
9%	9%	34%	30%	18%

上表為團隊人員中，兼職與全職人數的分析。取樣自 34 本獨立雜誌，印量範圍自 1,000 本至 75,000 本。在擁有全職人員的 14 本雜誌中，共有 11 家採全職、兼職混合的方式。完全是以兼職方式經營，一個全職人員都沒有的雜誌高達 59%。

1.

2.

3.

4.

5.

6.

1. *The Shelf* 主編 Colin Caradec 與 Morgane Rébulard。

2. *Wrap* 主編 Polly Glass 與 Chris Harrison 手上拿著 issue 8，攝影 Lydia Garnett。

3. 工作中的 *FUKT*，攝影 Björn Hedgardt。

4. *Perdiz* 團隊，左起：Eloi Montenegro、Marta Puigdemasa、Marc Sancho 及 Borja Ballbé。攝影 Borja Ballbé 及 Querida Studio。

5. *Cat People* 主編 Jessica Lowe 與 Gavin Green。

6. *Offscreen* 主編 Kai Brach，攝影 Nikita Helm。

7.

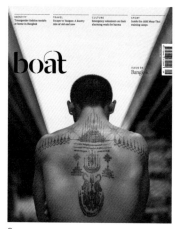

8.

7. *Boat*, issue 8, 2014；洛杉磯。
8. *Boat*, issue 9, 2015；曼谷。
9. *Port*, issue 9, Spring 2013；
攝影 Stefan Ruiz，創意總監 Matt
Willey 與 Kuchar Swara。

更多關於《Boat》的資訊請見第 132 頁。

《Boat》雜誌展現出獨特實驗性，每期都到不一樣的城市重新召集量身訂做的團隊，完成後就地解散。

除了核心團隊之外，雜誌還仰賴自由協作者負責撰文、校稿、攝影、插圖及設計等。切勿低估可靠校稿人的重要性，及多一雙眼在送印前檢查內容的價值。主要成員很可能因為太過專注於整個流程，以致於連明顯的錯誤都沒有察覺，若是等雜誌印好才發現有致命誤植，甚至拼錯人名，那真是再痛心疾首不過了。

協作者、自由工作者及供應商

協作者名冊是雜誌最大的資產，若協作者的品質高又可靠時，更是如此。請找出他們、培育他們、善待他們。出版界也存在著因果報應——你與他人的合作態度會反映到最終產品上，藐視彼此必會付出代價。在與自由工作者配合時，應一開始就講明所有工作條件，並保持誠信。許多獨立雜誌採取無酬互惠的方式與撰稿人、插畫家和攝影師合作，請務必履行承諾。若有現金報酬，無論多少都要準時付款。若真的遇到麻煩，一定要持續與對方溝通，誠實說明原因。自由協作者最痛恨被冷處理，只需道歉及解釋就能避免冒犯對方。

請想清楚高品質文章對雜誌發展的重要性，它很可能是雜誌得以生存下去的主因，值得為其編列預算。《Delayed Gratification》助理總編輯馬修・李說：「我們相信有酬勞才有優質的報導，所以我們會付款予協作者，而且打算在能力範圍內盡量提高稿費。」

《Cereal》發行人蘿莎・帕克，同樣為了編輯策略及核心精神大方出手，她說：「我們是旅遊雜誌，經常四處奔走，報導足跡遍及各地。我們支付費用給每位協作者，從未接受免費服務。這對我們的規模而言其實挺燒錢的。」選擇和你有相同願景與價值觀的協作者及供應商，與他們建立關係，有助於讓你在亂世中保有一些穩定性，也會影響每一個頁面傳達出的訊息。帕克說：「最近兩年我學到一件事，要找到完全了解你的想法，且頻率相同的人，實在非常困難。所以我一旦找到就會緊抓不放。」

「在工廠裡，工人才是老大。」

《Port》庫卡・史瓦菈

9.

更多詳細資訊請見第 32~37 頁約漢娜・阿格曼・羅絲訪談。

《The White Review》的個案研究請見第 79 頁。

《Port》總編輯丹・克羅說：「我必須贏在起跑點，所以我從《New Yorker》挖角撰稿人。」共同創辦人庫卡・史瓦菈補充：「丹實在非常擅長說服他人去做他們平常不願意做的事，例如讓丹尼爾・戴－路易斯（Daniel Day-Lewis）擔任客座編輯，讓菲利普・西摩・霍夫曼（Philip Seymour Hoffman）當封面人物，且明明知道他討厭這差事。」克羅答道：「友善對待與談話技巧，如此而已。」

克羅也許說得容易，然而，建立及灌溉與協作者之間的關係，實則需要過人手腕。請努力讓撰稿人覺得被重視，畢竟，能使雜誌令人驚豔的大功臣，就是他們的文字。

另一個成敗關鍵，就是印刷和用紙。請尋找合適的印刷廠及紙廠，一同討論出互惠互利的協議。若你的雜誌有可能展示紙張品質和印刷技術，或許可以談到折扣。拿起電話，直接與潛在供應商交談；親自拜訪，觀察對方的工作方式。約漢娜・阿格曼・羅絲花了一年才找到合適的紙廠及印刷廠，但她建立的贊助關係使她自創刊就無需為財務煩惱。交易可以互諒互讓，請聆聽你的潛在事業夥伴想推銷什麼，並保持開放態度。

《The White Review》的班哲明・伊斯漢姆（Benjamin Eastham）表示：「與合作對象建立互利關係及友誼，是降低成本的方法，能化不可能為可能。我們跟配合的 Push 印刷廠關係很好，他們一開始就給出很優惠的價格，因為我讓他們把雜誌當作展現技藝的舞臺。」

Hole & Corner

頻率：半年刊

創刊日：2013 年 5 月

地點：英國倫敦

印量：10,000 冊

封面副標（strapline）：「讚頌工藝、美、熱情與技術」（Celebrating craft, beauty, passion and skill）

「出現在這本雜誌裡的人物，皆是真正的行動派，他們認為裡子比面子重要，生活就是努力工作。」《Hole & Corner》的創辦人兼創總監山姆・沃頓（Sam Walton）解釋。沃頓過去的經歷包含擔任精品品牌的藝術指導，以及《Vogue》英國版的設計師等，如今，他把創意和編輯力整合成雜誌。沃頓確實有三頭六臂，他善於吸收世界級的協作者，並以講究的態度經營出版平臺：「我們志在推廣在地經濟，及有才華的專業或業餘人士……我們邀請全球最優秀的靜物、風格、時尚攝影師、知名電影人，以及資深製作人來助我們一臂之力。」

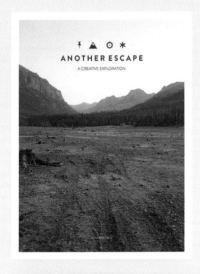

Another Escape

頻率：半年刊
創刊日：2013 年 4 月
地點：英格蘭布里斯托（Bristol）
印量：8,000~10,000 冊
封面副標：「戶外生活風格、創意文化與永續生活」（Outdoor lifestyle, creative culture and sustainable living）

　　2010 年左右，出現了一種新型態的生活風格雜誌，《Another Escape》就是其中之一。它善於述說故事，報導一些有趣的人物，以及他們的所做所為和生活風格。創辦人瑞秋・泰勒（Rachel Taylor）和喬迪・道頓（Jody Daunton）的背景分別是插畫及攝影，他們說：「我們的調性偏重和善謙恭，同時具備研究特質。」這兩位創辦人都是全職雜誌人，他們的成功歸功於無怨無悔地身扛數職：「在多種角色之間切換，是在創造獨立雜誌路上頗具挑戰性的一件事；你必須是業務經理、主編及創意總監的綜合體。」

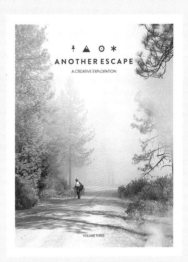

1.

訪談
總編輯

佩妮・馬丁
Penny Martin
《The Gentlewoman》 總編輯

1. 佩妮・馬丁，攝影 Ivan Jones。
2. *The Gentlewoman*, issue 9,
Spring/Summer 2014；封面人物
Vivienne Westwood，攝影 Alasdair
McLellan。

半年刊女性雜誌《The Gentlewoman》由《Fantastic Man》的
出版商創刊於 2010 年，提供睿智風趣的報導、模範等級的設
計與攝影水準，同時著眼於女性真實的生活，而非產品及對
時尚圈的盲目信奉，挑戰商業女性及時尚雜誌的格局，成功
在出版界闖出一片天地。坐鎮指揮的佩妮‧馬丁原是一名學
者，也曾擔任時尚網站先驅 SHOWstudio 的總編輯。

《The Gentlewoman》是如何開始的？

　　開始會有一次大型編輯會議，接著是透過 e-mail 進行的大
量討論。經常在紐約和巴黎參與拍攝的時尚總監強納生‧凱伊
（Jonathan Kaye），極少有機會跟創意總監約普‧馮‧貝納柯姆
（Jop van Bennekom）同時出現，若還要加上副總編輯卡洛琳‧路
（Caroline Roux），那更是難上加難。我們經常跑來跑去，不像
月刊有很多人，而且全都待在辦公室。藝術總監維洛妮卡‧第廷
（Veronica Ditting）直到最近都待在阿姆斯特丹，不過她現在已
搬來倫敦，我可以和她較緊密地合作。那段時光充滿樂趣，而現
在一切都較上軌道。

下一期的雜誌目前在哪個階段？

　　我們會在 7 月中進入秋冬號的製作階段，並在 8 月第二週完
成。美工完稿期限是 7 月初，而我希望多數採訪和較大的單元能
在 6 月中完成。不過，現在是 5 月，很接近我想要確認封面的時
間。那總是讓我很恐慌，所以現在每個認識我的人，都看過我恐
慌的模樣。但真的很棘手啊。

封面是最困難的部分嗎？

　　封面是極重要的象徵，以碧昂絲（Beyoncé）或愛黛
兒（Adele）那一期為例，一張封面影像要扛起十場採
訪、七篇散文及八篇時尚報導——整整六個月的努力。不
僅如此，這本雜誌一旦上架就會待個半年，所以基本上我
必須與這張封面一同度過整個製作過程，然後在整個銷售
期間一直看到它，當然必須萬無一失！接著，在受訪時，
我又會不斷被問及封面人物，最後總是有種與那位人物混
得很熟的感覺，就算我沒有親自採訪她。

London

When
Vivienne
talks,
we
should
listen

Portraits by Alasdair McLellan

115

2.

《The Gentlewoman》的封面幾度造成轟動。例如安潔拉·蘭斯貝瑞（Angela Lansbury）那期（第 6 期，2012 秋冬號），因為封面上出現八十六歲高齡女士而蔚為佳話。跳脫時尚框架是否為你的目的呢？

　　早在創社之初，安潔拉就一直在我的名單上，所以我並非先想到宣傳效果、才想到她，我只知道用她做封面一定會非常精彩，而拍攝過程確實很棒。很幸運地，那期雜誌出刊後，她剛獲頒奧斯卡終身成就獎（2013 年），又因在戲劇及慈善事業上的付出而受封女爵士，以及大英帝國爵級司令勳章（Dame Commander of the Order of the British Empire），還登上西區劇院（West End theatre）演出《溫馨接送情》（Driving Miss Daisy）和《歡樂活力》（Blithe Spirit）。得以參與她職涯晚期東山再起的輝煌時刻，實在是很美好的經驗。人們一有機會，就會抓住我談論那張封面照片。

　　愛黛兒是另一個轉捩點，以她為封面的第 3 期（2011 春夏號）出刊的那段期間，她變得炙手可熱，專輯銷量高達數百萬張，而且在全英音樂獎（BRITs）贏得大獎。那期雜誌明確地表達出我們在「大尺碼」議題上的立場，身為女性雜誌，我們不用想就知道，這遲早都是我們必須面對的議題。而我希望大家知道的是，我們報導愛黛兒和安潔拉是因為她們的傑出表現，而非她們的身材或年紀。我想讓她們化身當代的時尚指標，而不是利用她們引發論戰。

《The Gentlewoman》透過視覺及編輯，謹慎安排結構，營造出特定形象，同時也一直進化。請問這些有多大成分是在計畫之內的？

　　我想這都是個性使然，我們討厭重複做同樣的事；即使我們有所謂的版型，也不希望它太固定。雖然，有些東西保持固定是好的。例如雜誌開頭的「現代主義」（Modernisms）訪談，最初 2、3 期都有這個單元，經過討論後，我們決定繼續保留下去，因為它扮演的角色就像是我們的「商品頁」（shopping page），只不過是以對話的形式呈現。

　　我們當然也有可遵循的格式，不過每當寶貴的內容一來，幾乎每次都要為它們發揮實驗精神、重新設計。擁有荷蘭平面設計背景的約普和維洛妮卡標準甚高，他們的設計也非常編輯取向，我認為這樣的藝術總監十分罕見。在工作前，他們都要先徹底了解該期的編輯方向，甚至會參與其中。而我曾任職英國國立媒體博物館（National Museum of Photography, Film & Television），並且於 SHOWstudio 和尼克·奈特共事，與攝影也有非常深的淵源，因此，我們都會稍微干涉對方，這是很難能可貴的合作狀態。

3. *The Gentlewoman*, issue 3, Spring/Summer 2011；封面人物 Adele，攝影 Alasdair McLellan。
4. *The Gentlewoman*, issue 7, Spring/Summer 2013；人物專題 Jekka McVicar，攝影 Paul Wetherell。
5. *The Gentlewoman*, issue 7, Spring/Summer 2013；專題報導 *Nice Things: Red Lipsticks*，攝影 Daniel Riera，造型 Sam Logan。

3.

208

The pioneering herb farmer
from England

Jekka McVicar

209

4.

Nice Things   Red Lipsticks

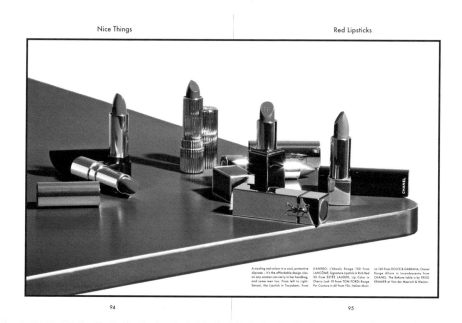

A sizzling red colour in a cool, protective
slipcase – it's the affordable design clas-
sic any woman can carry in her handbag,
and some men too. From left to right:
Sensai, the Lipstick in Tsuyabeni, from

KANEBO; L'Absolu Rouge 150 from
LANCÔME; Signature Lipstick in Rich Red
35 from ESTÉE LAUDER; Lip Color in
Cherry Lush 10 from TOM FORD; Rouge
Pur Couture in 40 from YSL; Italian Mani-

ca 160 from DOLCE & GABBANA; Chanel
Rouge Allure in Incandescente from
CHANEL. The Reform table is by FRISO
KRAMER at Van der Meersch & Weston.

94   95

5.

你如何讓雜誌不斷進化？

　　每期雜誌印好後，我們會召開編輯會議，若你在現場，可能會覺得我們全都恨透了這本雜誌，因為我們會把它批評得一文不值。然而，那是因我們每個人都全心希望新的一期比上一期更好。我們這個由蘇格蘭人、德國人和荷蘭人組成的團隊，討論起事情來難免坦率又狂熱。不過，在不斷苛求、追求完美之餘，一定也要騰出時間放鬆，不然會產生反效果——這是我在前一個工作中學到的事。

　　這本雜誌一直在挑戰現行的時尚框架與價值觀，但是時尚產業欣然接受，也喜愛我們的所作所為。

　　《The Gentlewoman》絕對是一本時尚雜誌，我們熱愛時尚，以高標準來製作，並且反映出時尚令人如此著迷的種種原因。有別市面上其他女性時尚雜誌，我們想從產業內部的角度來發聲，這麼做並非是想吃裡扒外，而是要展現獨到的時尚觀點。

你認為《The Gentlewoman》對時尚產業構成影響力嗎？

　　我若大聲回答「有」，那就太自以為是了。不過我確實看到這本雜誌造成了些許影響，因為我們經常被抄襲。《The Gentlewoman》出場的時機，適逢傳統出版業因為網路崛起而劇烈變動，結果整個局面看起來，就像是我們帶動了某些新風潮，這對我們是有益的。憑心而論，我認為我們的確為時尚產業的部分環節樹立了新標準，這真的很棒。

Léa

the gentlewoman

Not many French actresses manage to cross the Euro-Hollywood divide. So how has Léa Seydoux, 28, succeeded so spectacularly where others have failed? Playing a blue-haired lesbian in the film that won this year's Palme d'Or at Cannes has only brought more offers from Los Angeles to her 10th-arrondissement apartment. Her allure lies in a combination of eloquence, intelligence and a killer pout. Her acting skills are instinctive – hereditary perhaps.

If Seydoux was British, we'd say she was posh (her family tree reads like a Who's Who of France's most prominent names). But she's French, so anything from *super douée* to *très tendance* will do.

Text by Horacio Silva
Portraits by Zoë Ghertner, styling by Anastasia Barbieri

profile

196

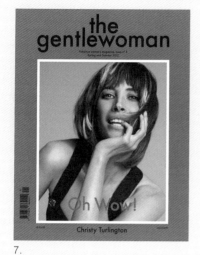

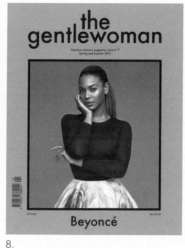

7.

8.

9.

《The Gentlewoman》的頁數增加了，是由於廣告業務上的成長嗎？

現在的廣告量大概是 25%，這對我們來說是理想的占比。這本雜誌的確變厚重了，那是因為我們已改用磅數更高且昂貴的紙。如今回頭去看創刊號，會覺得它是本簡陋的小冊子，所以這也是一種成長吧。

你們的印量有多少？

目前是 89,000 本。一開始是 72,000 本，等同於《Fantastic Man》當時的印量，而他們現在約 85,000 本；我們稍微超過一點，不過相較於男性，女性市場本來就大得多。所以，《The Gentlewoman》確實在逐漸萎縮的市場仍保持成長，沒什麼好抱怨的。以安潔拉和愛黛兒為封面人物的那兩期，對總發行量的增加尤其功不可沒。

你認為在製作創刊號時，有哪些關鍵事項必須處理好？

擁有非常棒的想法，並且能清楚闡明，這是最重要的。儘管創刊號可能不會被很多人看到，但它身負向讀者及團隊發表使命宣言的重任，所以一定要做好。

你有什麼忠告要給想創辦雜誌的人？

我借用馬克・哈沃斯－布斯（Mark Haworth-Booth）的話：「你必須做出當代的東西；不能仰賴已奠定版圖的上個世代從桌上分麵包屑給你。」這是我的策展人朋友夏洛特・柯頓（Charlotte Cotton）告訴我的，馬克是她在維多利亞與艾伯特博物館（Victoria and Albert Museum，簡稱 V&A）的上司。我很認同這句話，做雜誌首先要確定自己的發想是對的。要做出有價值的雜誌，唯一的方法就是打造關於你的時代及同世代人物的內容。

6. *The Gentlewoman*, issue 8, Autumn/Winter 2013；人物專題 Léa Seydoux。攝影 Zoë Ghertner，造型 Anastasia Barbieri。

7. *The Gentlewoman*, issue 5, Spring/Summer 2012；封面人物 Christy Turlington，攝影 Inez 與 Vinoodh。

8. *The Gentlewoman*, issue 7, Spring/Summer 2013；封面人物 Beyoncé，攝影 Alasdair McLellan。

9. *The Gentlewoman*, issue 9, Spring/Summer 2014；封面人物 Vivienne Westwood，攝影 Alasdair McLellan。

雜誌的
結構分析

従封面到圖說：
完善的規劃

編輯架構及落版單

找到舞臺與願景

雜誌的組成要素

將願景和傳達具體化，是最好玩的部分

你一頭栽入，不就是為了這個？你的願景，就是在配銷和現金流等種種苦差事的洗禮之後，仍能支撐你走下去的原因。

有力的編輯理念及明確的願景，和出版策略一樣重要，而它們全掌握在你的手裡。雜誌就是用紙張與油墨把興趣、理想和熱情具體化之後的產物。如《Disegno》創辦人約漢娜·阿格曼·羅絲所言：「《Disegno》裡的一切，都是我迫不及待要站到屋頂上告訴大家的事。」

唯有對自己的願景深具信心，才能相信直覺，即使當大環境對你不利，讀者仍可以感受到真誠，並予以回應。凱西·歐米迪亞斯提到：「《Anorak》創刊時，無論是經銷商、廣告主還是其他所有人，都不看好。因為這本雜誌的對象不分性別，配色太過複雜，沒有特定的個性，也沒有固定單元……《Anorak》不完美、並非面面俱到，但它熱情滿載，而喜愛這本雜誌的人感受到了，這對我來說十分美妙。」

《Cereal》雜誌擁有非常明確、堅定的視覺風格，並且貫穿整個品牌，從雜誌本身、聯名產品的品牌形象，乃至其 Pinterest 頁面。發行人蘿莎·帕克描述雜誌的製作過程：「最後我們總是必須割捨大量內容，那讓人心疼……但唯有如此才能打造出最佳成品。」

清楚的定位來自於製作者的自信，你可能需要一段摸索期，才能找到雜誌專屬的「聲音」。做雜誌最棒的地方就是，如果你不滿意這一期的部分內容或安排，永遠有下一期可以重新嘗試，即使是固定單元的內容，也是每期都不同。

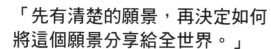

「先有清楚的願景，再決定如何將這個願景分享給全世界。」

《Put A Egg on It》莎拉·克亞芙（Sarah Keough）

1.

1. *Put A Egg on It*, issue 6；攝影 Benjy Russell。

Gratuitous Type

頻率：約每年 1 次
創刊日：2011 年
地點：美國紐約
印量：1,000~2,000 冊
封面副標：「關於字體設計的
激情小冊」

《Gratuitous Type》是本不知
害臊為何物的平面暨字體設計「小
黃書」，來自於與眾不同的設計流
派。創辦人伊拉娜・許廉克的正職
工作是接案設計師，這本雜誌是她
工作外的消遣，也意外為她帶來更
多客戶。她說：「我希望這本雜誌
本身，以及其中呈現的作品，都能
賦予讀者激情和啟發性。這本雜誌
只有尺寸和形式是固定的，每一期
都會重新設計，擁有專屬樣貌。」
許廉克樂在其中：「有一次我某一
頁上面放了一個肥到爆炸的字母，
所有的設計師都為之瘋狂。我有意
識地營造歡騰熱鬧的氣氛，讓大家
明白這本雜誌就是為了設計和字體
而存在。」

The Gourmand

頻率：半年刊
創刊日：2011 年
地點：英國倫敦
印量：10,000 冊
封面副標：「關於美食與文化
的期刊」（A food and culture
journal）

THE GOURMAND

Photography: Baker & Evans • Styling: Sarah Parker
Model: Kenan Hanbury at Models1 • Styling assistant: Hannah Ryan

After the Ortolan

The ortolan: a tiny bunting averaging 16cm in length and weighing 20-25 grams. This small bird has been enjoyed in France for centuries by those who attest to its unparalleled flavour. But in 1999, a law was passed making it illegal to procure or consume ortolan, due to fears that the breed had been hunted to near-extinction. In 2007, extra measures were put in place to reduce the law which was being strictly flouted. Yet even before their numbers were starting to dwindle, the keeping and eating of ortolan was seen by many as an act of cruelty. In his book, In the Devil's Garden: A Sinful History of Forbidden Food, Stewart Lee Allen describes how the ortolan is transformed from a free-flying songbird into a captive delicacy: "They must be taken alive, once captured they are either blinded or kept in a lightless box for a month to gorge on millet, grapes, and figs... When they've reached four times their normal size, they're drowned alive in a snifter of Armagnac." Just before it meets its demise in a bath of brandy, the ortolan is stripped of its feathers and its feet are removed. The diner then places a handkerchief over their head before stuffing the whole bird into their mouth, with only the head hanging out, to be discarded. Everything else is eaten. First attributed to a priest trying to hide his act of eating the drowned bird from God's gaze, the cloth over the head is also said to keep the flavour and aromas in.

獨立雜誌徹底改革了美食類刊物，而《The Gourmand》是其中的佼佼者。《The Gourmand》創刊於 2012 年 6 月，沒有大量的食譜，而是探索美食之於文化和社會的重要性，並把食物當作藝術素材。總編輯兼藝術總監大衛‧連恩表示：「原則上，我們不與美食家合作，而是邀請撰稿人、攝影師、場景設計師（set designer）、藝術總監及插畫師等不同領域的好手，來針對特定題材創作。我們堅信，對雜誌而言，內容才是老大，設計的工作是負責找出最貼切的方式來傳達之。」

編輯架構

《Mono.kultur》及《Gratuitous Type》的個案研究分別請見第 62 頁及第 52 頁。

關於雜誌的組成請見第 64~67 頁。

儘管雜誌編輯有慣例和傳統可循，不過，身為獨立雜誌人，就是要打破常規。如《Mono.kultur》、《Gratuitous Type》的每一期都像不同雜誌，然而，這種模式若要成功，就需要有無懈可擊且經得起時間考驗的核心思想，才算合理。一般來說，讀者需要可辨識的架構及熟悉的組成來引導他們瀏覽內容。《Delayed Gratification》的羅伯‧歐邱德說：「字型大小和頁碼都很重要，別找讀者的麻煩。」

落版單與頁數

落版單就是頁面分布圖，用來規劃每期雜誌的血肉結構。落版單的格式不一，形狀與尺寸也包羅萬象，從速寫於筆記本的鉛筆稿，到一絲不苟的表格，乃至於填滿辦公室整個牆面的大海報，應有盡有。落版單有很多用途，既是編輯工具，也是印刷廠商的指南，幫助他們了解雜誌內的各個元素，還可以附上插頁（insert）、浮貼頁（tip-in）及窄頁（short page）等資訊。

落版單有助於你決定雜誌的頁數。印刷廠商通常會建議你遵守「每臺 16 頁」的標準，因為這是最經濟實惠的印刷方式。不過，你也可以透過搭配 4 頁（1/4 臺）或 8 頁（1/2 臺）來增添多樣性。臺與臺之間，就是你能夠切換不同紙張或油墨的機會。內頁的頁數確定後，還要加上 4 頁才是最終印刷頁數，那 4 頁分別是封面、封面裡、封底、封底裡。假設，內頁是 4 臺 +1/2 臺，那就是 4X16+8=72 頁，再加上 4 頁封面，需印刷的頁數總共就是 76 頁。

更多關於印刷的資訊請見第 142 頁。

常用的英文縮寫——
IFC：封面裡（inside front cover）
IBC：封底裡（inside back cover）
OBC：封底（outside back cover）

2.

3.

2. *Acid* 團隊分散在不同城市，利用 Skype 和雲端分享等數位工具來共同工作。
3. John Holt 製作 *LAW* 時的落版單，將編排好的版面貼在網格紙上，能讓他對整期的視覺律動較有概念。
4. *Outpost* 利用版面的電子檔來製作數位落版單，並且附上詳細規格供印刷廠參照。
5. 呼應致力於工藝的精神，*Oh Comely* 的團隊以彩色紙條與特製的洞洞板來做計畫，每種顏色代表不同的內容類型。

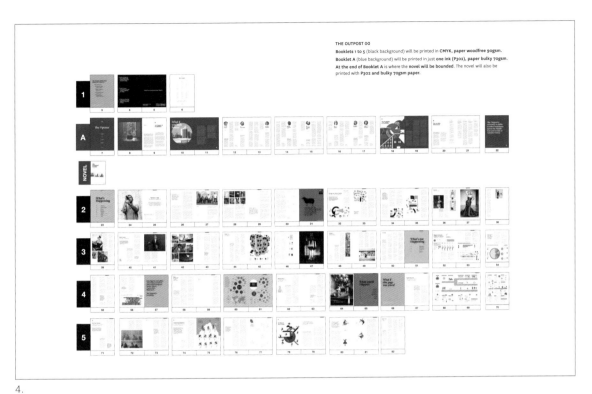

THE OUTPOST 00

Booklets 1 to 5 (black background) will be printed in CMYK, paper woodfree 90gsm.

Booklet A (blue background) will be printed in just one ink (P302), paper bulky 70gsm.

At the end of Booklet A is where the novel will be bounded. The novel will also be printed with P302 and bulky 70gsm paper.

4.

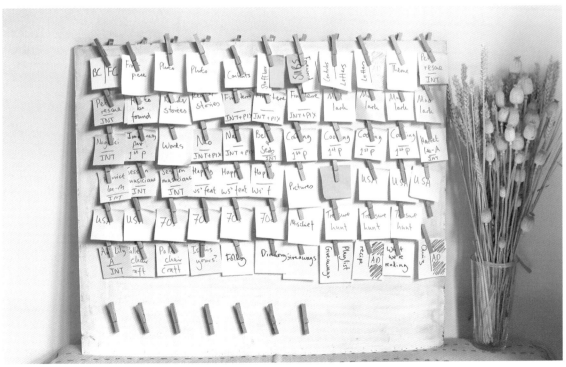

5.

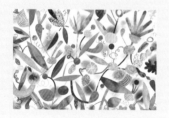

Wrap

頻率：半年刊
地點：英國倫敦
印量：4,000~5,000 冊
用三言兩語形容：才華洋溢的
當代插畫
尺寸：22 × 30 公分

《Wrap》創辦人波莉·格拉斯及克里斯·哈里森想以插畫世界為題材，做一本不一樣的雜誌。整本雜誌的每個跨頁都能單獨取下，作為包裝紙使用，讓藝術家的訪談成為實用的紙品：「插畫與紙本是天作之合，對插畫愛好者而言，買一本雜誌，比買藝術作品來得便宜，我們也會盡可能為所合作的藝術家增加曝光度。包裝紙的元素賦予《Wrap》閱讀之外的實用小樂趣，也是展現插畫的氣派方式。」

Anorak

頻率：每年 4 次
地點：英國倫敦
印量：10,000 冊
定價：6 英鎊
頁數：64 頁

在粗製濫造、充斥商品訊息的兒童雜誌海中，《Anorak》是一股清流。創辦人凱西·歐米迪亞斯原先任職於 1990 年代的指標性時裝雜誌《Sleazenation》及《The Face》，這些經驗讓她知道如何為特定市場打造擁有獨特理念的雜誌。她回想道：「成為母親後，我非常訝異於市面上竟沒有任何一本好的兒童雜誌，這促使我製作《Anorak》。」一開始，歐米迪亞斯利用下班時間做雜誌，五年後，她將這本雜誌轉變為自力更生的事業。2014 年，《Anorak》在發行第 33 期的同時進入第八個年頭，還多了一個 iPad App，以及兩本計畫中的新雜誌。

6.

7.

8.

6. *Monocle*, issue 79, December 2014-January 2015
7. *Cereal*, issue 6, 2013
8. *Noon*, issue 1, Spring/Summer 2014

封面

封面也許是雜誌設計中最為棘手的項目，經常拖到最後一刻才完成。封面在書店架上的視覺形象非常重要，很可能直接影響到銷售量。成功的封面沒有公式可循；各種風格都不乏成功的例子——密密麻麻的《Monocle》和極度簡樸的《Cereal》都是佼佼者。無論如何，封面最重要的目的，是呈現該期的精神，並同時保有雜誌的品牌辨識度。光是要做到以上兩點，就已經非常困難。

《Riposte》以大膽的手法聞名，它徹底顛覆傳統的女性雜誌，將所謂的「封面照片」置於封底，封面則只有文字元素。《Riposte》創辦人兼總編輯丹妮爾‧彭德（Danielle Pender）心中的完美封面是：「完美而簡潔歸納雜誌特質的東西。大膽、果敢且不隨波逐流。」

時尚藝術雜誌《Noon》也以強烈的封面風格而受到推崇，任何遊戲規則都影響不了他們。創辦人兼總編輯捷絲敏‧拉茲那漢說：「《Noon》是非常小眾的雜誌，因此我們得以在封面上自由發揮。」她自我調侃道：「我把光屁股的老男人放上創刊號，或許沒什麼資格談論何謂優秀的封面，但我認為無畏就是最棒的。」

零售商和經銷商指出，封面可能直接影響銷售表現。經銷商 Antenne Books 的布來彥妮‧洛依德（Bryony Lloyd）表示：「沒有重點、無法反映內容的封面行不通。假如能夠用單張影像就表達出當期精神，那是再好不過。」她建議：「我們經手過的雜誌，經常因為封面不佳而直接導致銷售狀況不理想。請多讓幾個局外人看看封面，盡可能收集大量意見。」

《Oh Comely》的安‧貝內特（Liz Ann Bennett）對於成功的雜誌封面，下了一個有趣註解：「就好像在人潮擁擠的車站中，瞥見一張熟悉的面孔。對雜誌製作者來說，打造封面的最大挑戰，就是要吸引讀者目光的同時，又要讓他們停下腳步且認出你。」

《Riposte》的個案研究請見第 114 頁。

多一點還是少一點？封面類型及形象

Eye

頻率：季刊
創刊日：1990 年
地點：倫敦
定價：17 英鎊
封面副標：「平面設計國際評論雜誌」

　　《Eye》設計精美且質感卓越的封面廣受好評，封面是這本雜誌展現美學價值的場所。《Eye》的封面是美的化身，也是可供設計盡情發揮的空間。封面上除了刊名，沒有其他文字，令人驚豔的單一影像，為當期內容完美發聲。主編約翰・沃特司說：「現代獨立雜誌，往往是要先做出實品，才能找到讀者群。也可以透過部落格、網站，或有特定興趣的社群來尋找讀者。這有點像是一個樂團同時在多家酒吧和夜店表演，吸引來自各處的歌迷，作為日後成長的穩固基石。」

PIN-UP

頻率：半年刊
創刊日：2006 年 10 月
地點：美國紐約
定價：25 美元
封面副標：「建築類休閒雜誌」

　　建築雜誌《PIN-UP》對封面的考量就如同《Eye》一樣縝密，不過方向卻截然不同。封面視覺由文字主導，透過字體設計和攝影作品的對綴，摘要出當期雜誌內容。這樣的作法暗示著這是一本文字導向的雜誌，其編輯立場即是：「用有趣的方式集結創意、故事及對話，搭配前衛的特邀攝影和藝術作品。」早期的《PIN-UP》甚至將條碼也融入封面設計，在字體和影像交織而成的協奏曲中共舞。

變幻莫測：概念導向的設計

Mono.kultur

頻率：季刊
地點：德國柏林
印量：7,000~10,000 冊
用三言兩語形容：品質、個性、整體性
尺寸：15 × 20 公分

身為獨立雜誌界的中堅分子，《Mono.kultur》每期都有驚喜，無論是內容還是封面。其概念很簡單：每期皆以長篇訪談的形式介紹一位藝術家、音樂家或創作者。受訪者的作品和其個人世界，即是《Mono.kultur》每一期設計概念與製作方式的指南，此外，主編凱·馮·拉貝瑙每次都會與不同的設計師合作。每期的格式都可以重新定義，唯一不會變的是其精緻、小巧的開本。自 2005 年創刊以來，《Mono.kultur》玩過浮貼式插頁、海報、明信片，有一期甚至還在紙張中分別封入十二種氣味。

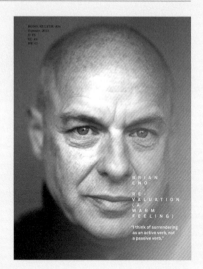

FUKT

頻率：年刊
創刊日：1999 年
地點：創始於挪威特隆赫母（Trondheim），2001 年起搬到德國柏林
印量：3,000 冊
封面副標：「當代繪畫」（Contemporary Drawing）

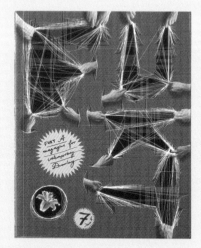

《FUKT》算是獨立雜誌界的先驅，創刊於 1990 年代的最後一年，採自資（self-funded）出版模式及騎馬釘裝訂，當時的印量僅 500 冊。《FUKT》的創辦人為藝術家畢永·黑格德（Björn Hedgardt），《FUKT》是他在創作之餘的非營利項目。如今的《FUKT》每期都是妙不可言的產品，黑格德及他的協作者團隊皆志在「打造前所未見、最美輪美奐、最引人入勝的雜誌。」他們每期皆採用不同的製作生產方式與設計風格，而雜誌的名稱說明了一切。黑格德解釋道：「Fukt 是挪威語『潮濕』的意思，與乾燥紙張和硬筆素描相反。我們喜歡這個字，也喜歡用英文唸它……。」

筆調與文風

文章的調性成就雜誌的個性。《Smash Hits》1980 年代的讀者，都會記得「艾德小子」（The Ed），這個傢伙總是在正文中吐槽。大標、引言、圖說等的行文風格，都需要經三思而後建立起來，它們將成為讀者熟悉的好朋友。《The Gentlewoman》以詼諧的圖說而聞名，還有非正式的口氣，例如直呼某人的名字，而不像男性版《Fantastic Man》會以某某「先生」稱之。《The Gentlewoman》藝術總監維洛妮卡・第廷說：「這就像女人們在聊天的氣氛，蘊藏著暖意。」

阿姆斯特丹雜誌零售商 Athenaeum 的馬克・羅伯孟每年經手的雜誌數以千計，也得以近距離觀察那些「成功」雜誌的特質。他說：「力求與眾不同，並且挑選自己能夠長時間保有興趣的題材，這些都是成功雜誌擁有的特質。以《The Outpost》為例，他們的選題概念即具備強大續航力──未來必有許多關於中東的題材可以寫，可能性無限。」

> 「從最高處的概念到最微小的細節，都是經過透徹思量，全要符合《**The Gentlewoman**》的精神。」
>
> 《The Gentlewoman》維洛妮卡・第廷

9.

9. *The Gentlewoman*, issue 6, Autumn/Winter 2014；專題 *Terribly nice jumpers with Yasmin Le Bon*，攝影 Alasdair McLellan，造型 Jonathan Kaye。

雜誌的組成

從頁碼到 ISSN（國際標準期刊號，International Standard Serial Number），雜誌的組成元素中，有些是必要裝備，有些是標準配備，有些則是選配。每家雜誌處理這些元素的方法都不同，不過，前後連貫且嚴謹的作法，較容易閱讀。處理這些元素的方式也會對雜誌整體調性有些許影響。以下是簡要的元素清單及專用術語。

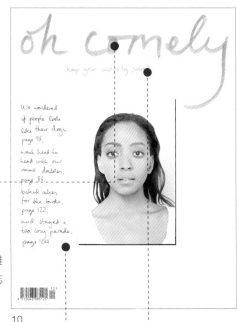

10.

刊名（標準字）

雜誌的名字有時也稱作刊頭（masthead），它是標示刊物名稱的標準字體，也可説是雜誌的 logo，不過有些雜誌還會有另外的標誌或縮寫設計（monogram），如《Monocle》的「M」及《Esquire》的「Esky」。

11.

封面文字

請決定是否要將這些能引人好奇的內容簡介，納入封面設計中。若你的雜誌主要在書報攤銷售，封面文字相對重要。

雜誌副標

以 20 字以內的字數點出雜誌精神。

12.

定價

除了當地幣值定價之外，若在其他地區也有固定定價，也要列出。其他地區的定價需與你的經銷商一同決定。

13.

14.

ISSN

所有系列性出版刊物皆需要申請國際標準期刊號（ISSN），它是用以識別刊物的專屬號碼，同時也是條碼的一部分。ISSN 國際中心的網站 issn.org/ 有詳細資訊可供深入了解此系統，並找出在你的國家提供申請服務的單位。從申請到收到號碼需預留一個月，請抓緊時間。

條碼

所有收費刊物都需要有條碼，且每一期都要申請新的，才有辦法在店內銷售。一旦拿到 ISSN（請見左欄）後，你就可以從網路上付費生成條碼，有多個網站可供選擇，包括英國的 buyabarcode.co.uk，以及美國的 buyabarcode.com 等。每道條碼通常約 15 英鎊，大量購買則會有折扣。零售商會將你的條碼輸入系統；於收銀臺掃描條碼時，就會跳出該期雜誌的資訊及價錢。經銷商和零售商喜歡條碼清楚地印在封面，然而，雜誌設計師卻經常想盡辦法避免難看的條碼破壞封面。英國專業出版商協會（Professional Publishers Association）的網站 ppa.co.uk 有提供關於條碼的詳盡說明文件。

10. *Oh Comely*, issue 12；攝影 Agatha A. Nitecka，模特兒 Michelene Auguste 攝於 Models 1 模特兒經紀公司。
11. *The Forecast*（*Monocle* 的年刊）issue 1, 2015
12. *Works That Work*, issue 4, 2014；攝影 George F Mobley（版權所有：國家地理 Getty）。
13. *The White Review*, issues 6-10
14. *Delayed Gratification*, issue 12, January-March 2012
15. *Colors*, issue 87；主題 *Looking at Art*。

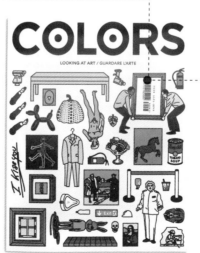

15.

內頁

16.

協作者專頁

介紹參與當期雜誌的撰稿人、攝影師及插畫家。愛八卦的讀者喜歡看到協作者的照片。有些雜誌介紹協作者的方式充滿玩心,例如要每個人回答一道關於當期主題的問題。

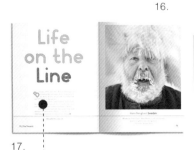

17.

中段

三明治中的肉,讀者可以在中段找到篇幅較長的專欄、訪談、人物介紹及照片故事。

特別報導

若雜誌每期都探索一個特別主題,並透過一系列文章從不同角度探討,這個專欄就十分重要。

19.

後段

後段通常是篇幅中等或較短的固定單元,例如評論、專欄及短篇特寫。

18.

前段

多數雜誌的前段皆是極短或短篇文章,例如新聞、產品介紹、讀者來函、活動、短篇人物介紹和論壇。

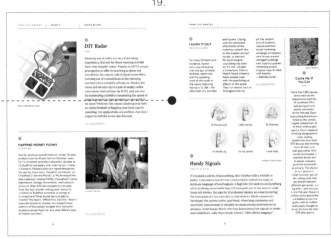

20.

21.

出處

別忘了確實註明每個影像出自哪位插畫家或攝影師之手——包括封面。

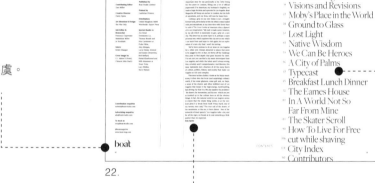

22.

頁碼

若省略，後果堪虞。

編輯室報告

編輯個人想向讀者說的話。通常會決定刊物的筆調，並扼要探討當期主題和重點。

版權頁

編輯人員及其他主要人員（如廣告業務聯絡人）的姓名和聯絡資訊、出版資訊（包含出版社名稱、出刊頻率）、郵寄地址和網址、訂閱資訊、印刷與用紙資訊——譬如供應商是否通過 FSC（森林管理委員會）認證。

目錄

雜誌各單元和文章列表，並註明頁碼。

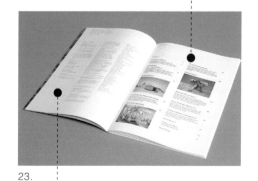

23.

16. *Weapons of Reason*, issue 1, 2014

17. *Weapons of Reason*, issue 1, 2014；攝影 Cristian Barnett。

18. *Riposte*, issue 4, 2015；引用由 Elaine Constantine 於 1999 年拍攝的 *The Face* 封面。

19. *Makeshift*, issue 9；特別報導 *Navigation*，攝影 Karolle Rabarison。

20. *Makeshift t*, issue 9；精選單元 *From The Makery* 前段。

21. *Anorak*, issue 32；跨頁 *Spot the Difference*，插圖 Harry Sankey。

22. *Boat*, issue 8, 2014；洛杉磯。

23. *Works that Work*, issue 1, Winter 2013

文章

標題

為文章下標題的方式請審慎考慮，它也會為行文風格定調。

24.

26.

25.

引言

介紹主題的簡短文字，用以吸引讀者往下閱讀。務必用心編寫，不要偷懶地直接把文章的第一段當引言。

重要引述（pull quote）

自內文摘錄出重要、具刺激性的內容，並以高雅的方式呈現；目的是激發讀者願意詳讀長文的興致，並為版面增添額外的視覺元素。

補充資訊（box-out）

關於文章主題的額外背景資訊，以淺顯易懂的形式附加於主要內容旁。

圖片說明

每個影像都需要圖說。即使是你認為昭然若揭的影像，讀者還是會期望有便捷的參考，不論他們只是隨意翻閱，還是專注閱讀，都可以有個依據。這也是個可以較放鬆玩點文字遊戲的地方，不過請保持圖片編號有清楚的規則可循。

27.

The Carton

頻率：半年刊（原為季刊）
創刊日：2011 年 7 月
地點：黎巴嫩貝魯特
封面副標：「關於美食、文化及中東的雜誌」（A magazine about food, culture and the Middle East）

「2010 年 11 月，於我們草創時期，中東幾乎沒有發行中的獨立雜誌，也尚未有『美食文化』的概念。」《The Carton》主編兼藝術總監婕德·喬治（Jade George）說。《The Carton》與其他幾個雜誌先驅，極力支持當地快速發展的文化生活，帶頭刺激新世代的思想家、撰稿人、藝術家及設計師。除了雜誌以外，喬治和她的共同創辦人菈雯·吉布蘭（Rawan Gebran）也經營微型出版社 Art and Then Some，並參與名為 Love Print 的聯合企業。

The Outpost

頻率：半年刊（原為季刊）
創刊日：2012 年 9 月
地點：黎巴嫩貝魯特
封面副標：「充滿可能性的雜誌」（A magazine of possibilities）

《The Outpost》誕生於「阿拉伯之春」（Arab Spring，阿拉伯世界始於 2010 年的革命浪潮），並站在新興出版社群的最前線。創辦人易布拉辛·聶姆（Ibrahim Nehme）說：「我和團隊都想創建一個媒體，幫助我們更認識、更深入了解自己所居住的地方，並且協助我們挑戰、打破刻板印象，改變看事情的觀點。對於阿拉伯世界如何變遷，阿拉伯青年如何促進該變遷，以及我們如何隨之改變等，我們希望《The Outpost》發揮記錄歷史的功能，尤其是在這段具有歷史意義的轉型期。」《The Outpost》和《The Carton》皆是 Love Print 聯合企業的成員（其餘還有《WTD Magazine》及《The State》），該合作企業將中東地區的獨立雜誌團結在一起，集結彼此的經驗、資源及購買力。

1.

訪談
主編與藝術總監

約翰・沃特司 John Walters
《Eye》主編

賽門・伊斯特森 Simon Esterson
《Eye》藝術總監

沃特司和伊斯特森這對傑出且備受敬重的雜誌出版界拍檔，向我們分享經營《Eye》及其他多本雜誌的多年經驗。2008 年，他們向原東家 Haymarket 公司進行管理階層收購後，《Eye》成了他們悉心拉拔茁壯的甜蜜負擔。現在，他們安身於東倫敦霍克斯頓（Hoxton）的工作室，照顧這本屬於自己的雜誌。訪談中，他們說明從隸屬於企業轉換成獨立經營的要件，並分享獨立雜誌界的祕辛。

目前獨立雜誌界正發生什麼事？有哪些雜誌在促進這樣的發展？

　　沃：現在，有許多人採用新興的商業模式，例如 Kickstarter 和 Unbound 等群眾集資平台，因為都是印前籌資，即使印量極低也可行。

　　伊：雜誌內容、商業模式及出版形式，都變得不再受限，所以現代雜誌人可以恣意打造感到自在的東西，同時降低出版事業所帶來的龐大固定風險。對於許多獨立雜誌人來說，是否賺得到錢，是可有可無的事。雖然會希望收入至少要足以負擔成本，不過，大家也常沒放在心上。這也是為什麼那些雜誌會如此激動人心。

　　過去曾有一段時間，書報攤上擺出來的主流雜誌，看起來都很相似，沒什麼令人非常振奮的內容。而現在，假如去參加 Printout 活動（舉辦於倫敦，主辦人為《Stack》雜誌的史蒂芬・沃森〔Steven Watson〕及 MagCulture 部落格的傑洛米・萊斯里）或 Facing Pages 研討會（舉辦於荷蘭，每兩年一次的盛事），或是去閱讀傑洛米・萊斯里的部落格，就能看到許多人單純地熱衷於述說某件事或展現某樣東西，在這樣的氣氛下，可以做出有趣的東西。

你們覺得獨立出版在雜誌製作上的意義為何？

　　伊：獨立雜誌最棒的就是擁有包羅萬象的製作方式。你可以決定是否經營廣告業務、嘗試透過書店銷售，也可以試著在網路上一本一本賣；依照自己喜歡且接受的方式，拼出雜誌的全貌。

　　獨立幾乎也就代表「小巧靈活的團隊」。張羅訂閱和宣傳活動、聯絡廣告業務人員，並且確保下期雜誌訂購的郵箱數量足夠……，這些工作全都是由約翰和我同心協力完成。

　　沃：社群媒體也是我們自己來。有些雜誌用一整個部門對付它！

2.

1. 約翰・沃特司（左）及賽門・伊斯特森（右），攝影 Ivan Jones。
2. *Eye*, issue 80, Summer 2011；影像提供 Field for GF Smith。

伊：上述全都是非常繁重的工作，不過其實也沒有那麼難，我們每天都能隨時隨地互相討論，討論完就著手進行，不需要進會議室，向同時控管十本雜誌的頂頭上司說明解釋。

沃：獨立雜誌現正進行到一個很有趣的階段，有點難預料將來會怎麼發展。沒有人能長時間只靠愛與熱情來經營雜誌，除非它轉型成其他東西。

伊：我覺得是有辦法的，只不過，必須要用很現實的心情去衡量自己的期待和意願。做獨立雜誌，一定得投資下去的就是時間。

沃：沒錯，時間會消逝，讀者的熱情也會。有些雜誌搭上某個時代氣氛，瞬間爆紅，但那樣的景況可能會結束；有些雜誌則歷久不衰。譬如《MixMag》，他們曾經歷過極盛時期，而且存活了下來；而由馬克‧艾倫（Mark Ellen）編輯的《The Word》（2003~2012 年）就沒這麼幸運，雖曾風靡一時，但雜誌的壽命並不長。

你們能夠說明如何能使雜誌歷久不衰嗎？是什麼讓《Eye》得以不斷出刊？

沃：這本雜誌最早可以追溯至 1990 年，網站也一直同步在運作，我很了解《Eye》帶來的影響力，明白它至今仍十分有價值。一路走來，我們的經營方針就是要它一直走下去，我們會說到做到。季刊無法提供最新消息，也無法像月刊或週刊走在潮流尖端，因此應該要將眼光放長遠。不可諱言，有時我們抓對了時機，全是因為運氣好。

伊：定位在小眾市場也是我們的優勢之一。假如你與所屬的小眾保持緊密關係，經常與大家交談，自然就會發掘一些新鮮事。在領域內每多了解一點，多聽到一點，都很令人興奮，與坐在辦公桌前看新聞稿真是天壤之別。

沃：主流雜誌產業中，廣告主、公關公司和編輯團隊之間擁有可怕的結盟關係，他們關心的事情都一樣。而在獨立之後，就可以僅關注特定興趣及所熱衷的事物。如同賽門所言，我們完全沉浸在平面設計的文化圈中，所以了解得比自己以為的更深入。《Eye》志在以非書籍的型態，做出擁有某些書籍特質的作品。

3.

3. *Eye*, issue 87, Spring 2014；攝影 Lee Funnell。
4. *Eye*, issue 80, Summer 2011；平面設計發展二十年專題文章，影像提供 Alvin Lustig。
5. *Eye*, issue 81, Autumn 2011；影像製作 Helmo 及 John McConnell。

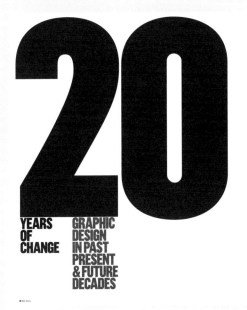

4.

伊：一定要有大量絕妙構想及有趣內容，然後設法以想要的形式呈現在雜誌裡。接著，取得合適的高解析度照片、做出約翰滿意的排版、寫出真正符合我們所想的圖說，想盡辦法讓讀者享受豐富的閱讀經驗。這之中會遇到的問題是，我們永遠不可能確定手上的圖片和文字資料是最好最深入的，但如果這麼想，會讓我們很難做事。

沃：沒錯，我們總是必須決定，究竟要執迷到什麼程度才放手。

出刊期限是不等人的，下一期也蓄勢待發，你們或許現在就已經開始構思了。這是否就是雜誌的本質呢？

沃：比起規律性，我認為的雜誌本質，是由絕妙的視覺素材、風格及文章結合而成的一種令人舒心的呈現。如果你幸運地找到了同溫層讀者，大可瘋狂深入探討大家感興趣的事物，對於其他的東西則輕描淡寫，讀者將非常滿意這樣的安排，而這也形成了某種出版文化中的特例。不僅如此，無論是實體或線上雜誌，是你能夠不斷回顧，且每每都能有新收穫的東西。賽門是極為經驗豐富的雜誌設計師，除了《Eye》之外，他也經手多本其他雜誌，我們受益於長時間在主流雜誌中累積的資歷，許多技巧和核心價值都沿用下來，省去了從零開始摸索的功夫。

5.

6.

更多關於
《Head Full of
Snakes》的資
訊請見第 99 頁。

7.

伊：不過，那些經驗有時也會讓我們畫地自限。我們喜愛所謂「文編得宜」（properly subbed）的雜誌，不過我本身也會讀那些沒那麼合宜，但內容也很好的雜誌，那種雜誌會散發出某種能量——喜愛雜誌的大家應該知道我說的「能量」是什麼。我最近愛上一本名為《Head Full of Snakes》的澳洲摩托車雜誌，它是用 Risograph 孔版印刷的，內容超群絕倫，整體而言無懈可擊。

沃：獨立雜誌界中，一件有趣的事情正在發生。在成為記者之前，我曾是名音樂人，1970 年代後期到 1980 年代，音樂領域出現了許多「zine」（小型雜誌），那些 zine 就算內容錯誤百出、說明不妥、照片糟糕，但只要充滿能量，就能成功。那類雜誌的讀者並不那麼講求照片品質，而 zine 能夠展現很即時的題材。

1980 年，由泰利‧瓊斯（Terry Jones）創辦的《i-D》雜誌就是十分有趣的案例。泰利‧瓊斯是非常資深的藝術總監，就算他只在流理臺上將幾張 A4 紙釘在一起，仍散發出無比自信和獨到編輯眼光，而雜誌中的撰稿人全都深入執著於他們的題材。

若是現在，你可能會盡力把雜誌的外觀處理得專業一些，裝訂和印刷也精美一些，不過撰文和編輯的方式可能還不夠到位，這將讓讀者覺得整體有點不協調。有時我會看到某本精美雜誌，影像解析度超高，插圖美麗動人，結果一但開始閱讀，心裡就不禁想著：「寫這篇文章的人確定自己在說什麼嗎？」我並不是要批評這個現象，只是覺得此刻是一個有趣的過渡期。

雜誌人現在多了網路平臺可發揮，你怎麼看待這件事？

伊：網路是與群眾保持聯繫、販售雜誌訂閱及零賣雜誌的絕佳管道。書籍與刊物的世界向來充滿銷售壓力，一本高達 17 英鎊的雜誌要在實體通路上架從不容易，而現在變得更加困難了。若你有個受歡迎的部落格，為什麼不為粉絲們做一本雜誌呢？你和讀者的關係是最重要的，形式是其次。

我認為線上出版崛起，最重大且最有意思的部分，是它們改變了紙本刊物的週期。現今，要出版優秀的週刊十分困難，除非你做的事非常特出，不然就做響應式網站（responsive website）就

好。《The Economist》擁有深度論譠及出色摘要，因此以週刊形式存活下來。而月刊必須找出那些大家無法從網路上獲取的內容，譬如特定類型的資訊，或是極為睿智的分析。若你做的是季刊，就脫離了新聞週期，所以需要靠直覺來猜測讀者對什麼感興趣。

《Eye》的配銷模式為何？

伊：約有五至六成是透過訂閱，其餘則是交由全球書報據點來銷售，大至像 Tate Modern 那樣的書店，小至只進貨幾本的書報攤。

大型經銷商只對即將「成功」的獨立雜誌很感興趣。他們的獲利來自於大量銷售，因此只注重數量。像《Fantastic Man》、《The Gentlewoman》 和《Monocle》就在他們的狩獵範圍，但不太理會只在倫敦外環高速公路 M25 內銷售、且銷量僅 1,000 冊的雜誌，因為經銷低銷量雜誌所獲取的利潤，不足以支付他們的成本。

儘管配銷不易，獨立雜誌的新時代是否來臨了？

沃：有無數人想將自己的熱情化身雜誌，還有當出版產業中的人渴盼自由時，也會想透過雜誌做出自己喜歡的東西。Facing Pages、Printout、Magpile Awards 獨立雜誌獎……，這類活動和研討會也愈來愈多。

伊：以前，當某個顛覆性的轉變來臨，大家得到了新的做事方法時，確實會出現一個所謂的「魔幻時刻」。但現在已經不同了，所有事情都不被設限——更好的版面、更美的影像、更天衣無縫的計畫，不斷湧現，並沒有「全盛時期」這種事。你可以恣意決定投注多少精力，沒人能規定你怎麼做。

8.

6. *Eye*, issue 83, Spring 2012；影像製作 Massimo Vignelli。

7. *Eye*, issue 88, Summer 2014；攝影 George Hurrell。

8. *Eye*, issue 85, Spring 2013；專題人物 Chris Dixon，攝影 Platon。

05

油墨及像素

了解你的媒體

紙本、線上及社群
平臺如何相輔相成

「紙本已死」的想法本身才是氣數已盡

獨立雜誌界的榮景已經證明，用心製作的紙本刊物仍有市場。很多人說網路興起造成出版界的大災難，確實，快節奏的報紙已愈來愈無用武之地，不過，對於獨立雜誌而言，網路卻是重要的夥伴。獨立雜誌大多每年出刊一到四次，與數位出版的速度並不衝突。獨立雜誌總是將紙本的特性發揮到極致——長篇報導、出色的版面配置、優秀的設計，以及高製作品質和優質用紙。網路是獨立雜誌事業用以散播消息的必備工具，可更頻繁地向所屬社群發聲，並提供一個能隨時造訪的店面。

紙本季刊《The White Review》的共同創辦人班哲明・伊斯漢姆提到：「創刊時，我們是兩個二十五歲的小伙子，什麼人脈都沒有，而網路讓我們得以快速觸及人群。我們很快就累積了讀者群，並且透過 Twitter 和 Facebook 接觸更多人……網站使我們能夠在每次發行之間，不斷將讀者帶回來而不至於流失。網站提供品牌辨識度，我們的線上讀者群是紙本的十倍，我們一直都非常歡迎網路。」

紙本的魅力

紙本雜誌就是透過編輯策略，把文章、影像等元素，以特定的邏輯，呈現在平面上。紙本團隊需要展現專業的編輯力，討論出如何針對主題撰文、攝影，把故事說好，營造出讓讀者信服的獨特個性。唯有這麼做，紙本雜誌才能在書報攤的架上脫穎而出，並得以對抗線上內容無情且猛烈的攻擊。

紙本是有形的。讀者掏錢購買雜誌是為了想要把它們握在手裡，感受紙張與印刷的品質、重量和形狀、裝訂的方式，以及翻閱頁面時發出的聲響，還有頁面緩緩落下的感覺——這些都是紙本才有的特性，亦是讓人欲罷不能的原因。

無論製作預算足以讓你做出精美成品，或只能做到及格程度，紙本都能夠令讀者的注意力停留更長時間。線上閱讀習慣比較像是在「吃速食」，在連結之間不斷切換。紙本能提供長篇文章及大量空間，絕妙的攝影作品和插圖得以盡情發揮；紙本是為了收藏並供反覆閱讀而存在的媒體。

1.

1. *The White Review*, issue 6-10

2.

3.

羅伯·歐邱德和團隊創立《Delayed Gratification》並發起「慢新聞」（slow journalism）運動的時候，頌揚紙本也是他們的動機之一。即便如此，線上媒體仍扮演重要的角色，他說：「儘管我們熱愛紙本雜誌，並且擔心數位對新聞造成的衝擊，但是，網路之於做研究和為我們的企劃散播消息，仍然不可或缺，而且也是銷售訂閱服務的主要媒介。」

紙本雜誌《Offscreen》的題材是關於數位創作者的故事。創辦人凱·布拉禾有感於愈來愈多人對數位創作的脆弱感到焦慮——在電腦裡花數千小時創作，但成品可能在一秒內就被刪得一乾二淨。從網站設計師變身為雜誌人的布拉禾說道：「我重新認識到紙本的優勢。閱讀紙本時，你會進入文字，然後離開，接著在看完時闔上書本，過程中所感受到的喜悅無可取代。網路上永遠不著邊際，一個連結還有下一個連結，沒有結束的一刻。」

《The White Review》的伊斯漢姆對此也有相同感受，他說：「我深刻地體認到，雜誌若要存活，就必須善用其紙本形態，設計要精美，用紙要優質，要成為大家想要收藏的東西，就像想去收藏藝術品一樣。」

2. Delayed Gratification 發起「慢新聞」運動。
3. Offscreen 透過紙本形式放眼數位媒體的世界。

紙本的優勢

★可供收藏和保存的特別物體。

★在商店陳列架和自家書架上皆有較長的壽命。

★透過長篇文章留住讀者的注意力。

★富創造性的版面配置，有充分的空間展示攝影和插畫。

★走在路上，你會為它停下腳步。

★廣告主都喜愛優質的紙本雜誌。

The White Review

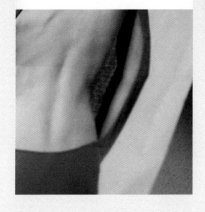

頻率：季刊
創刊日：2011 年 2 月
印量：1,500 冊
定價：12.99 英鎊
頁數：172 頁

《The White Review》團隊擁有藝術書籍製作的背景，這本雜誌散發出與書籍同樣的水準。主編班哲明‧伊斯漢姆說：「既然我們都已費心又花錢去製作雜誌，那就放手投注大量時間、精力和投資，做出值得收藏並讓人有足夠理由購買的美麗雜誌。」《The White Review》不只證明自己是具備閱讀價值和收藏性的紙本刊物，還善加利用各種紙本優勢，例如由海報摺疊出的書衣、插頁式目錄小冊、在同一本雜誌中使用不同的紙、塞入別冊、插頁式明信片，以及浮貼頁面等。

IdN

頻率：雙月刊
創刊日：1992 年
印量：50,000~90,000 冊
定價：19.95 美元
頁數：108 頁

源自於香港的《IdN》(international designers' network)， 是 1980 和 1990 年代數位發展造成設計和製造轉型下的產物。之後，《IdN》不僅繼續存活下來，還不斷進化。它以紙本形式呈現有趣的多元數位內容，經常嘗試大膽的印刷及後製加工。總監克里斯說明：「《IdN》原是一場數位出版實驗。《IdN》創辦人兼發行人勞倫斯（Laurence Ng）與 Adobe Systems 共同創辦人約翰‧沃諾克（John Warnock）在某一次的聊天中，催生了這個構想。當時，沃諾克、史帝夫‧賈伯斯（Steve Jobs）和 Aldus 的保羅‧布萊納（Paul Brainerd）這三位富遠見卓識的人物正好一同合作，準備創建第一臺雷射直寫機 LaserWriter（1985 年）。」1980 年代，LaserWriter 站在桌上排版（desktop publishing）革命的最前線，為獨立雜誌人的新時代鋪路。

數位之愛

　　除了紙本，如今任何從事出版事業的人都必須把數位服務納入考量。網站最基本的功能就是可以作為銷售管道，光是這點就非常具有經濟效益，因為你不需被中間人抽成。當你全心全意為紙本雜誌規劃出版模式和安排時間、金錢及資源時，別忘了還有數位工具。

　　《Dazed & Confused》的發行人傑佛森・哈克表示：「假如你想走商業化路線，只做紙本會讓你發展受限。我並不是說一定要有個花俏酷炫的網站，但數位策略絕對有其必要。」

　　《Cereal》的蘿莎・帕克說：「紙本是最重要的，因為我為它投入最多熱情。然而，對於事業來說，紙本和數位一樣重要，它們能在完全不同的地方發揮長才。數位讓我們得以和讀者持續進行極為即時的互動。」

4.

　　《Monocle》把數位內容當作給訂閱者的鼓勵，網站上提供的部分內容，僅有訂閱紙本的讀者才能夠讀取。《Makeshift》雜誌則是利用網路平臺提供訂閱折扣，只要訂閱者分享他們的內容至社群媒體即可獲得。

　　儘管紙本雜誌是我們心之所向，但數位媒體擁有許多紙本沒有的優勢，例如影片，以及即時發表的重要評論。學習並善用各媒體的強項很重要，建議你為自己的數位媒體量身製作紙本中沒有的內容，將其獨特功能發揮到極致，甚至還可以收取費用或作為訂閱者的獎勵。

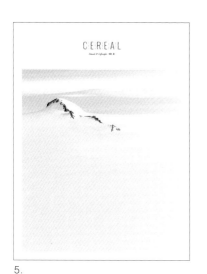

5.

　　不僅如此，網站也能夠為你增加廣告收入。在與品牌討論雜誌內的廣告空間時，不妨另提供一個包含線上廣告空間的方案。它除了可以做為議價籌碼，或許還能增加萬元以上的收入。

數位的優勢

★容易吸引大量讀者。

★於網路上銷售雜誌利潤空間較大。

★是宣傳新一期雜誌、活動及產品的利器。

★有助於和廣告主建立更深遠的關係。

★提供與讀者進行迅速而持續互動的環境。

6.

社群媒體

社群媒體是獨立雜誌人的好朋友。就算沒有行銷預算，獨立雜誌仍能透過社群媒體基礎來促進銷售。若你有計畫在用網路工具增進銷售，以及發送最新消息，那麼，建立線上社群非常重要，其中又以社群媒體是最佳選擇。

《Head Full of Snakes》的路克‧伍德（Luke Wood）說：「當紙本雜誌的出刊頻率低時，大家會透過部落格和Twitter 來跟隨我們的步調。有一次 Pipeburn（人氣客製摩托車部落格）及 MagCulture 報導了我們的創刊號，造成了很大的迴響……對促成雜誌的成功絕對有幫助。」

不過，要謹慎使用社群媒體的力量，先制定計畫而後動。《Monocle》發行人泰勒‧布魯爾完全不倚賴社群媒體，並認為社群媒體可能削弱雜誌的力道及誠信度，但他屬於幸運的一群。請思考你想要如何在社群媒體中呈現雜誌，審慎評估讓大家窺探你的世界能帶來什麼好處，以及多方設想社群媒體是否有可能會破壞雜誌的神祕感，導致讀者的購買動機降低。

泰勒‧布魯爾的訪談請見第122~127 頁。

《Cereal》的蘿莎‧帕克說：「我們絕對不會在社群媒體發表任何我們不會放在雜誌裡的東西。無論你閱讀或瀏覽的是紙本雜誌、部落格文章、Instagram 或 Tumblr，都能了解我們是什麼樣的刊物，以及我們在從事什麼。我們不會發表『安安，這是我們的辦公室隨拍。』這樣的內容。」

Makeshift

7.

4. Cereal 網站購物頁面，用以銷售雜誌與嚴選合作品牌的聯名產品。
5. Cereal, issue 8, 2014
6. 季刊 Offscreen 創辦人 Kai Brach 總是在下期紙本出刊之前，透過社群媒體熱絡地與讀者互動。攝影 June Kim。
7. Makeshift 等雜誌巧妙地運用行動軟體天天將內容送到讀者手中。

社群媒體的優勢

★創造即時迴響且與讀者即時互動。

★可觸及大量閱眾。

★藉由直接導向其他線上平臺達到促進銷售的效果。

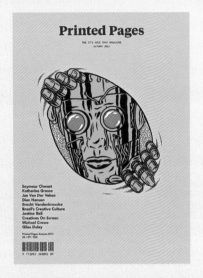

頻率：半年刊（原為季刊）
創刊日：2013 年 3 月
定價：5 英鎊
封面副標：「著重於深入了解並探究藝術設計世界的季刊」

近年來，從部落格轉變成紙本的雜誌有增加的趨勢，《Printed Pages》也是其中之一。它是平面設計工作室 INT Works（原名為 It's Nice That）所製作的第二本雜誌，創辦人分別是威爾‧哈德森及艾利克斯‧貝可。他們的第一本同名雜誌《It's Nice That》創刊於 2009 年，源自他們的人氣平面設計部落格。哈德森說：「我們在網路上已經有一群閱眾，這是一個優勢，於發行創刊號的時候，部落格訪問人數剛超過 10 萬人，我們總共印刷 1,500 本，約四、五週後就全數售完。」在決定終止《It's Nice That》的出版模式後（請見第 28 頁），他們於 2013 年重新出發，推出《Printed Pages》。

Sidetracked

頻率：每年 3 次
創刊日：2014 年 4 月
定價：10 英鎊
封面副標：「激勵人心的冒險」

2011 年，平面設計師約翰·薩默頓（John Somerton）以網路專題的模式製作雜誌，他當時就像雜誌的名字「sidetrack」（轉移）一樣，熱衷於戶外冒險。薩默頓在 2014 年創辦此雜誌的印刷版本，他解釋：「我很喜歡紙本。而那時，我的網站已經成長為大家敬重的冒險參考資源……而且近來獨立紙本刊物的景況復甦，我認為該是時候放手一搏。出刊後的反應好極了！我熱愛紙本，拿在手上，輕撥柔軟、不會反光的紙，就連油墨散發出的味道，都是一種特別享受。這是數位世界無法複製的美好。」

倫敦圖書經銷商 Central Books 的薩沙・西米奇，已經賣了二十年雜誌，如果你希望雜誌可以在店裡的架上販售，問他就對了。Central 最初是由共產黨於 1936 年創辦，用以經銷左翼文學作品，這個背景讓人不難聯想它何以樂意推動前衛雜誌。如今 Central 因與小眾雜誌合作而頗負盛名，經手的書籍類型包羅萬象，並觸及遍及全球各地的零售商。

你們經銷的雜誌是什麼類型？

共有兩種類型的雜誌人會來找我們：已經從事出版好一陣子的內行人，但是需要更大或不同範圍的市場滲透（market penetration）；或是剛做好一本雜誌，但完全不知道接下來何去何從的人，很有意思吧？他們也可能只有一點點概念，曾帶著做好的雜誌，挨家挨戶地拜訪 Magma 或 Artwords 等書店，一一詢問：「你們願意賣這本雜誌嗎？」對方有時會答應，把雜誌放在店裡賣一陣子；有時則會好心提醒：「你需要經銷商來整合管理，這樣單打銷售會產生後續問題。」

你們提供的配銷服務有哪些基本項目？

雜誌人只管專心做雜誌，而我們會負責把它帶進市場。我們的合約是根據實際銷售量來支付雜誌人，而不是根據進貨量，內容頗為制式，每隔一段時間就要重新簽約。原則上，我們和雜誌

1.

訪談
經銷商

薩沙・西米奇
Sasha Simic
Central Books 公司

人的拆分比是定價的 55：45。我們拿 55%，不過首先要說的是，我們並非實拿 55%，部分是保留給零售商的空間，而我們也許要負責出貨等其他事務，所以最後剩下的遠遠少於 55%。

一旦雙方簽訂合約後，我的工作就是為雜誌建立長期訂單。出版者在規劃行銷策略時，要考量三個階段。訂閱服務是販賣雜誌最好的方式，因為訂閱就是業績保證。假如有人訂閱一年，那麼就等於直接得到那一年的銷售額。至於零售商，則是設法使他們上架雜誌，同時想辦法讓讀者養成持續購買的習慣。最終目的，就是讓讀者和雜誌的關係穩定下來，進而成為訂閱者，訂閱才算是出版者可靠的收入來源。

如何做到這件事？以藝術類雜誌為例，我會透過電話和 e-mail 聯絡，然後當面拜訪，告訴對方我最近有一本新的藝術雜誌。我會拜訪 Tate、Koenig Books 及 Magma 等店家，建立基本的長期訂單，如此一來，我們就能定期與雜誌人報告，做為他們決定印量的參考。

我們手上有很多雜誌都不是獨家經銷，雖然有一些是。大致而言，我們不鋪貨到書報攤，而是直接與書店合作，無論是連鎖還是獨立書店。此外，我們也和藝廊及博物館合作，那是我們的業務定位。

你們的業務範圍是國際性的嗎？

是的，我們在英國、歐洲和遠東地區皆有營運——新加坡、香港、臺灣、日本、澳洲及紐西蘭都有多個通路，可能是單一商店，例如位於澳洲雪梨的 Glee Books，也可能同是經銷商，例如紐西蘭的 Gordon & Gotch。

可以說，經銷商就是雜誌人和零售商之間的經紀人？

沒錯！而我建立的長期訂單有助於出版者安排印量。譬如，一本新雜誌前來與我們接洽，而我成功為其爭取到八百冊的長期訂單，那就會是其雜誌首發的初估發行量。Menzies 或 WHSmith 等以新聞類書刊為主的大型公司，每天都有新發行，而我們每週更新一次。也就是說，當一本新雜誌前來，它就會被加進待發行名單中。每週四，我只要按個按鈕，就會為數百張已出貨的零售訂單開出發票。

倘若某個零售商只下了五或十本的長期訂單，也不代表他們只能賣這些，假如他們賣完了，只需打個電話請我多送五本過去即可。

規劃出版模式的配銷時，該考量些什麼？

銷售和退貨方法都會影響到收入。因此，新創刊的出版者從我們這邊收到的最大一張支票，很可能是最開始的那一張。以我將八百冊送入市場為例，假如那是本季刊，出版者收到的支票基本上就是全額，但是從下一張支票開始，就會受到退貨影響——金額取決於零售商退貨的數量。在英國，若是月刊，零售商最多有三個月的時間可以退貨；雙月刊有半年時

1. 薩沙・西米奇，攝影 Ivan Jones。

間，而季刊則有將近一年的時間，所以，別一下子就把第一張支票的錢花完。

你看過那麼多雜誌，成功的雜誌有什麼特質嗎？你如何挑選？

我們每週都會收到至少三、四本新雜誌。每天早上，打開電腦，就會看到數封不同的 e-mail，內容都是：「我們希望您可以考慮經銷這本雜誌。」首先，我們會請對方寄雜誌給我們。有時候人們會寫信來說想打造一本雜誌，希望能與我們見面討論。然而，在沒有主題也沒有雜誌本身的情況下，我們能做的很有限。現在我們經常收到 PDF 檔，但其實還是希望看到實體，即使只是視覺稿（mock-up）也沒關係，至少可以讓我比較有概念。

2.

每個月，我們都會坐下來逐一討論每本雜誌，並決定要經銷哪幾本。我們沒有既定規則。有一次，我們收到一本足球雜誌《8x8》，雖然那時我們不曾賣過運動類雜誌，但它的設計極美，於是我拿給懂足球的人看，大家都覺得那本雜誌的文章引人入勝，且與 Central 的理念相符，因此我們便決定經銷。是否符合公司的業務理念及形象，是我們唯一的選擇條件。

從經銷商的角度來看，雜誌的最大禁忌是什麼？

雜誌人有個常見的錯誤認知，亦即認為改變格式就能跳脫傳統，或是擺脫市場上的阻礙，進而吸引眾人目光。實際上，多數雜誌皆趨近於 A4 大小是有原因的，尺寸不同的雜誌在堆疊和陳列時往往會造成麻煩。光會在格式上動歪腦筋，覺得只要用奇怪尺寸，雜誌就會更有趣且更好賣，實在讓人不敢領教。

其次是雜誌的外表。雜誌所展現的形象十分重要，一定要賞心悅目，你沒有理由不這麼做。

全英國由 WHSmith 經銷的紙本刊物多達 30%。交由它們經銷是否勢在必行？

答案是否定的。而且最好審慎考慮是否真的要將經銷權交給他們，因為老實說，對於獨立雜誌人而言，進到 WHSmith 困難重重。首先，上架與否是由他們來掌控，再者，若你是單憑銷售雜誌為生，他們所要求的折扣可能讓你無法存活。《Cosmopolitan》等雜誌之所以會在 WHSmith，是因為支持他們事業的收入來源並非雜誌銷售，而是廣告業務，他們需要衝高銷售數字。然而，WHSmith 幾乎不會考慮承接小型的業務，就算他們願意，也可能開出非常嚴苛的條件。如果你才剛起步，我不建議考慮WHSmith。像我們、Comag，以及位於伯明罕（Birmingham）的 Worldwide

Magazine Distribution，才是比較合理的配銷管道。不過，假如你的公司規模大到足以和 WHSmith 交手，祝你順利。

你覺得當今雜誌市場的健康狀況如何？

很嚴峻。有部分是因為過去十年來所發生的事。我於 2000 年加入 Central Books，當時 Waterstones 書店幾乎每家分店都有雜誌部門，而我們經銷的文學及藝術類雜誌，正是它們的經營範圍。部分分店的訂購量極為龐大，例如倫敦長畝街（Long Acre）上，以藝術設計類書籍為主的那家門市。同時，Borders 書店剛起步，最初只有牛津街門市，以及正準備開幕的查令十字門市。到了 2006 年，他們已擴展至約有五十家分店。

那段期間，我的工作輕而易舉。若有人帶著新雜誌上門，我只要打個電話給 Borders 的採購負責人，並說明不同門市的建議訂購量，馬上就能拿下數量驚人的長期訂單，雜誌立刻就有能見度。不過，在 Borders 於 2009 年以歇業告終的時候，我們進行了大量而複雜的精算，結果很有意思——他們的銷量並非表面上的那麼高。Borders 牛津店表現確實非常好，而查令十字和伊斯林頓（Islington）店同樣表現亮眼，這三個據點的雜誌銷量高達總銷量的六成。然而，除了部分地區性門市之外，其他門市的生意並不好，但卻讓人有能見度高的錯覺。而由於 Borders 會進文學類和詩詞類等其他通路很少願意碰的雜誌，結果它徹底扭曲了整個市場，規模較小的獨立書店，因大型連鎖書店和線上購物的夾殺而紛紛倒閉。

Borders 歇業後，出現了一個黑洞。那時若有人帶著新雜誌前來，我只能拒絕，因為貨鋪不出去。尤其是文學類和詩詞類雜誌，十年來的主力銷售點就那麼沒有了。藝術類雜誌倒是還有活路——讀者會到 Tate 書店、當代藝術學會（Institute of Contemporary Arts）和 Walther König 書店購買。

後來，某些體質較好的通路，將之視為機會：位於愛丁堡的藝廊 The Fruitmarket Gallery，原本被夾在一大一小的兩間 Borders 之間，趁勢將雜誌區擴大三倍。另外，也有幾間新興藝術類書店誕生，例如 Artwords。景況逐漸因此復甦。

Foyles 書店也是個有趣的成功例子。它隨著時代徹底轉型，在雜誌選擇上，更加重視品質且嚴加控管，結果規模不減反增。所以，我們還是得往好的方向看，儘管現況很艱難，但仍稱不上災難。我們和歐洲一些重要零售商保持不錯的關係，例如阿姆斯特丹的大型書店 Athenaeum，由雜誌愛好者所經營，對於雜誌的品質非常要求。此外，柏林的 Do You Read Me 是間僅由兩人經營的可愛書店，他們的行事態度非常認真，而且小心仔細地監控庫存。經營者的愛，就是書店的成功關鍵。

2. 雜誌核對工作進行中，攝於倫敦 Central Books。

06

上架銷售

如何將雜誌送到讀者手中：從經銷、訂閱，到自行配銷及直接銷售

經過努力不懈的企劃、撰文、設計、印刷，現在，創刊號終於出爐了——可能堆在工作室、你的床下，或是在印刷廠的棧板上。但是，它們真正該去的地方，是讀者的手裡，那麼，到底該怎麼做呢？歡迎來到大人的世界。

配銷是最常難倒獨立雜誌出版人的環節，而規模愈小，這件事就愈棘手。專業經銷會讓利潤變薄，一般而言，經銷商的運作模式仍是為了配合大型商業出版，其定價較低、周轉率高，擁有較高耗損空間。

因此，是否要委託經銷商來銷售，亦或自己一手包辦，取決於事業規模。出刊頻率不高且印量低的雜誌，也許能夠自行維護與零售商的關係，然而，這代表你需要付出大量時間在打電話、商談、向每一家零售商追款及出貨等「微觀管理」上，甚至有時還要親自把雜誌帶去書店。但你的時間有限，光是創作和爭取廣告業務，可能就夠忙了。

《Disegno》的發行人約漢娜・阿格曼・羅絲觀察：「未來幾年，配銷方式將因應獨立雜誌的成長而改變。我很佩服某些雜誌試圖以不同方式配銷，然而，在仔細審視之後，我仍傾向沿用已知能成功上架的模式……我還是認為有非常多人仍想在店裡看到雜誌，翻閱一番，再決定購買。而那樣也比較省時。」

1.

對於印量較大及／或時間不夠充分的團隊，經銷商是不可或缺的。倫敦圖書經銷公司 Antenne Books 的布來彥妮・洛依德認為，印量 1,000 冊是決定是否需要經銷商的臨界點。她表示：「若打算自行出貨，1,000 本雜誌是上限，如果數量更多，光是配銷就會用盡你所有時間。」

終究，與經銷商配合是提升發行量的最快方法，印量當然也是。經銷商讓更多人看見你的雜誌，增加雜誌在架上的曝光率，儘管單本獲利會變少，但卻能擁有更高的能見度。相較於自行配銷，專業經銷是加速傳播的一大助力，而當發行量變大，對廣告主也更具吸引力。

請繼續閱讀本章內容，以了解借助經銷商的優勢與花費，以及如何將其導入你的出版模式。

1. 由 Antenne Books 經銷的雜誌精選。

尋找專業經銷商

經銷商的工作包含將雜誌推銷給合適的零售商，監控供應狀況，並根據需求量來調整供應量，以及向零售商收款。而經銷商通常是以實際銷售冊數的定價來抽成，有些經銷商的拆分比是固定的，有些則接受議價。根據你們的協議，在扣除分給零售商和經銷商的費用後，你通常可以收到定價的三成到五成。每家經銷商的規定各有不同，你的議價力也會受規模影響——印量越小，獲利能力就低，議價力當然也會隨之降低。

請與經銷商保持溝通。優良的經銷商會熱心地為每個客戶調整服務內容，不過，保持溝通管道暢通是你的工作：詢問關於銷售數字的意見，尋求增進效率的相關建議等。身為獨立雜誌，你的製作水準必須很高，換言之，假如賣不出去，不僅是白忙一場，更是讓人心痛萬分——沒賣掉的雜誌可能會被銷毀，或是被零售商撕掉封面用以證明是庫存品，好向經銷商退貨。

出貨給經銷商的運費也是一筆開銷，別忘了算進成本。也可以跟印刷廠商討論運費，由他們協助送往指定地址。雜誌交到經銷商手上後，配送至零售商的運費就是由他們負擔。

近幾年，由於小規模獨立出版激增，市場上開始出現幾家新型態的經銷商。諸如倫敦的 Antenne Books 及柏林的 Motto 等企業，皆是為了服務獨立雜誌而存在。他們本身也屬於小公司，比起大型經銷商，能提供較個人化的服務。然而，若你的出版模式構築於廣告業務及銷量之上，大一點的經銷商或許能提供較大的銷售範圍，只不過他們也可能不那麼注意細節。

為了得到不同類型的服務，或是進攻多重銷售區域，同時與多家經銷商配合也是可行的模式。例如，你也許需要一家經銷商幫你經銷至歐洲，另一家經銷至美國。一家經銷商可能專攻書店，另一家則專攻雜誌行和書報攤。

「銷售是最不迷人的部分。」

《The Ride Journal》安德魯・迪普羅斯

更多關於指定印刷需求的資訊請見第 142 頁。

Noon

創刊日：2014 年春季
地點：英國
印量：4,000 冊
尺寸：24 × 34 公分
頁數：160 頁
每冊重量：960 克

《Noon》是一本又大又厚的半年刊雜誌，展現超高水準的藝術類及時尚類攝影作品。採用高磅數的高品質用紙及廣闊的版面配置，美輪美奐的印刷提供絕佳視覺體驗。創辦人兼總編輯捷絲敏·拉茲那漢說：「《Noon》的格式是根據攝影作品最常見的長寬比來決定的，藉此避免滿版影像被裁切。可以說，這是為內容而生的格式。」《Noon》透過經銷商鋪貨至零售商和書報攤，銷售點包括書店和藝廊販賣部，力求每一期都能在陳列架上醒目吸睛。

Works That Work

創刊日：2013 年 2 月
地點：荷蘭
印量：5,500 冊
尺寸：17 × 24 公分
頁數：92 頁
每冊重量：100 克

《Works That Work》同樣是一年出刊兩次，外型精巧，方便攜帶。《Works That Work》創建了一種全新的配銷制度──「社群分銷」（social distribution），亦即由讀者以折扣價購買之後，轉賣給當地零售商或親朋好友。其重量尺寸即是為了能讓這種模式發揮最大功效而設計。創辦人彼得·比拉克（Peter Bil'ak）說：「透過尺寸、用紙選擇等細節，這本雜誌只有一百公克重，為的就是要讓大家能夠輕鬆帶上十本雜誌到處跑。」《Works That Work》大多直接透過官網銷售，或是透過社群分銷。

收款

若透過經銷商鋪貨，請記得從結帳到實際收到款項之間會有一段時間，而時間長短取決於經銷商和你的出刊頻率，可能是當期下架、新一期上架後的一至三個月。請視情況規劃現金流量。

出版人將是最後一個收到款項的人。經銷商會要求零售商提供銷售報告（通常每季一次）；待經銷商確認銷售冊數後，你會收到一份報告，然後就能開立發票給經銷商，該發票的付款條件通常是三十天，所以你應該會在供貨後約四個月收到你賣出冊數之應得比例。

換言之，倘若你的雜誌是季刊，在必須支付第二期的產製費用之前，都無法仰賴創刊號的收入。

關於財務規劃及現金流量，請見第 8 章——金錢萬能。

> 「堆在你家車庫裡的雜誌不是好雜誌。握在讀者手裡，而且是由他們自掏腰包購買的那本才是。」

《Eye》賽門‧伊斯特森

自行配銷的優劣

+ 費用較低。少了經銷商，就只剩你和零售商來分成。

+ 你能大致掌握每期收入狀況，使業務穩定成長。對於規模不大的新創雜誌而言，是件好事。

+ 相較於透過經銷商，通常能較快收到款項（不過可能因案而異）。

− 投資成本極高。必須投注大量時間和精力來與每個零售商保持良好關係。

− 可能需要花比較長的時間，才能累積知名度及建立關係。

專業經銷的優劣

+ 配銷工作交由專人來打理，你得以空出時間來打造雜誌。

+ 獲得單靠自己可能無法觸及的讀者，加快累積知名度及建立讀者群的進度。

+ 快速增加發行量的有效方法，有助於廣告業務。

− 費用較高。利潤空間會比直接銷售給讀者來得小。

− 你將會是最後一個受到款項的人，這將會影響現金流量。

− 你會損失沒賣出去的雜誌。

配銷程序 step-by-step

下列圖表說明了配銷過程中的標準環節，不過每家經銷商的處理方式皆有些微差異，僅供參考。

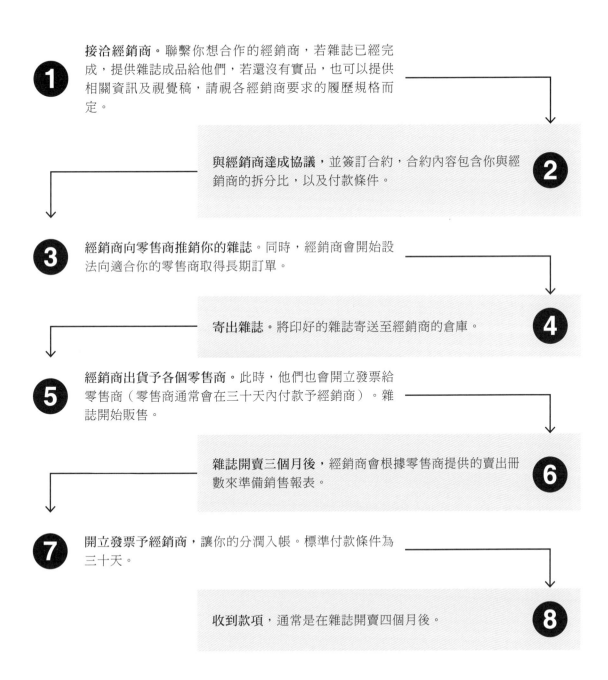

① 接洽經銷商。 聯繫你想合作的經銷商，若雜誌已經完成，提供雜誌成品給他們，若還沒有實品，也可以提供相關資訊及視覺稿，請視各經銷商要求的履歷規格而定。

② 與經銷商達成協議， 並簽訂合約，合約內容包含你與經銷商的拆分比，以及付款條件。

③ 經銷商向零售商推銷你的雜誌。 同時，經銷商會開始設法向適合你的零售商取得長期訂單。

④ 寄出雜誌。 將印好的雜誌寄送至經銷商的倉庫。

⑤ 經銷商出貨予各個零售商。 此時，他們也會開立發票給零售商（零售商通常會在三十天內付款予經銷商）。雜誌開始販售。

⑥ 雜誌開賣三個月後， 經銷商會根據零售商提供的賣出冊數來準備銷售報表。

⑦ 開立發票予經銷商， 讓你的分潤入帳。標準付款條件為三十天。

⑧ 收到款項， 通常是在雜誌開賣四個月後。

Cat People

頻率：年刊
創刊日：2013 年 9 月
地點：澳洲墨爾本
印量：1,000 冊
定價：30 澳元

《Cat People》是本雙語雜誌（英文／日文），內容包含獨家專訪，以及來自愛貓藝術家、設計師、攝影師及撰稿人的作品。《Cat People》是典型採用多重銷售管道的小型獨立雜誌，擁有多種銷售途徑：透過自家官網、直接鋪貨至零售商，以及交由經銷商經營澳洲和紐西蘭（Perimeter）及英國和歐洲（Antenne Books）等市場的通路。製作者兼設計師潔西卡·洛威（Jessica Lowe）及攝影師蓋文（Gavin Green）·格林表示：「這本雜誌的誕生，是受到日本書籍和刊物的啟發。它們總能在小眾題材和高製作要求之間取得巧妙的平衡。」

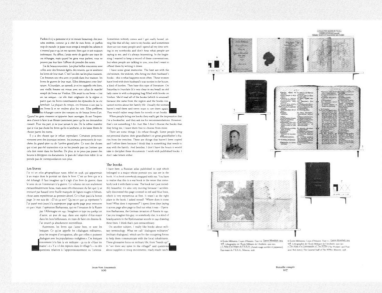

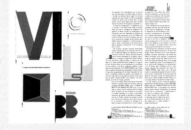

The Shelf Journal

頻率：年刊（原為半年刊）
創刊日：2012 年 2 月
地點：法國巴黎
印量：1,500 冊
定價：20 歐元

《The Shelf Journal》是由法國平面設計師摩根・蕊布拉和柯林・卡拉德克所經營，他們熱愛美麗的印刷品，進而打造了這座紙上遊樂場。有別於傳統配銷方式，他們一步一腳印地建構書店和雜誌店的關係，並直接鋪貨。他們一手包辦銷售工作，親自找出合適的對象，向對方說明作品。這本雜誌在財政上能夠維持損益平衡，但無法讓其創作者賴以為生。蕊布拉和卡拉德克說：「《The Shelf Journal》頂多養活它自己——上一期賺到的錢，足以用來發行下一期⋯⋯而我們的藝術指導工作室，才是生計來源。」

自行配銷

規模小，且希望慢慢成長的新創雜誌，經常無法承擔將定價的四成到六成分給專業經銷商。這時，你還有其他選擇。

首先，自行配銷，待銷售量達到某個水準，開始需要有人幫忙維護零售商關係後，再轉為透過經銷商。這就是《Wrap》（創刊於 2010 年）創辦人波莉·格拉斯和克里斯·哈里森的方式。格拉斯提到：「《Wrap》的創刊資金來自於讀者的集資，收入則完全來自於雜誌銷售，沒有廣告或贊助內容的收入。我們小心翼翼地增進消費需求，因此能夠步步前行。最初，配銷工作全由公司內部處理，僅以賣斷的形式和零售商合作，藉此確保我們寄出的每本雜誌都能帶來收入。直到銷售量達到一定程度後，我們才有辦法切換成較傳統的模式，交由專業雜誌經銷商來打理銷售。」

與零售商進行交易時，別羞於爭取符合自己財務條件的協議。當蘿莎·帕克和瑞奇·斯坦布萊頓（Rich Stapleton）於 2012 年創辦《Cereal》時，他們與中意的店家達成直接銷售協議，並且是以賣斷為前提，而非「可退貨」或「寄售」的形式。帕克表示：「我認為，由於雜誌在價格上屬於低風險的產品，所以，只要該雜誌的氣氛和外貌符合他們喜好，許多店家都很樂意給機會。我通常是寄預覽用的 PDF 給他們參考，鮮少會寄出雜誌樣本，因為我們實在沒有那個預算……不過，若是真的很想要在某家店上架的時候，我就會破例。」

「可退貨」模式代表著，雜誌在約定的銷售期結束後，他們會將已售出的雜誌費用付給你，並將未售出的雜誌退回。

「寄售」原則上是同一件事。把雜誌交給零售商，以雜誌擁有者的名義販售。收款時，根據協議好的價格開立發票給零售商。

零售商的進貨價格，通常會有折扣，折扣比例可議，不過通常會是訂價的七折到七五折。換言之，你能分到的比例，較透過經銷商來得多。

估計不同配銷方式的成本時，別忘了把寄送雜誌給零售商的運費也算進去。若你要寄送大批雜誌到海外，運費可能非常昂貴，請務必做好事前研究。

2.

2. 倫敦經銷商 Antenne Books 在位於挪威奧斯陸 Melk 藝廊的快閃店。

3. 另類雜誌經銷公司 Stack 會定期舉辦活動，供讀者聆聽演講以及閱覽新雜誌。

4. 2015 年 IndieCon 活動會場，來自世界各地的獨立出版人共襄盛舉，可以看見他們的展覽及作品。

3.

4.

自助銷售

把雜誌從自己手上直接賣到讀者手上的利潤空間，當然是最大的。然而，你需要設法增加線上商店的流量，主動且竭力地招攬生意。社群媒體是非常強大的利器，他們等同於 e-mail 資料庫，供你寄發電子報。

關於推銷及宣傳點子請見第 145 頁。

有些雜誌人會在新一期雜誌快發行時提供預購服務，藉此大肆宣傳，也能在這一期雜誌送印前，就拿到下一期雜誌製作的資金。透過預購，讀者可能會得到折扣或其他附加價值，如特殊贈品。若你擁有穩固的線上讀者群，且每一期雜誌都有「必買限量商品」這類誘因，預購服務絕對會大受歡迎。

關於收款，市面上有幾個第三方銷售工具可供使用，無需心不甘情不願地購買客製電子商務系統。有一些銷售工具可以整合進你的網站裡，只需在網站中加入他們的付款按鈕，如 Paypal 和 Stripe。其餘則屬於外部市集，你可以透過它架設購物網頁，並連結至你的網站，例如 Big Cartel。

網站也可以用來提供訂閱服務，和銷售過期雜誌，藉此強調自家雜誌的收藏性。

除了線上銷售之外，不妨積極參加雜誌界舉辦的各種實體活動，直接面對讀者。

「靠自己賣出愈多雜誌愈好，
這樣進到口袋的錢才會多！」

《Head Full of Snakes》路克・伍德

Gym Class

頻率：不定期：「我盡量每年出刊 2 到 3 次。」
創刊日：2009 年 11 月
印量：250 冊
定價：不定；約 6 英鎊
用三言兩語形容：雜誌萬歲、狂熱粉絲、無可匹敵

《Gym Class》完全是無條件付出之下的產物，這本雜誌為設計師史蒂芬・格雷戈爾（Steven Gregor）的個人專案，可說是備受粉絲追捧的某種異派雜誌，一本雜誌中的雜誌。儘管規模不大，協作者卻不乏國際出版界的重要人物。《Gym Class》每期的格式和設計皆不同，每一頁都流露出格雷戈爾個人對題材投注的熱情，每個細節皆出自他的手，就連配銷工作也是，從頭到尾一手包辦。格雷戈爾想給新手雜誌人的話：「如何讓雜誌曝光在對的閱眾眼前很重要，配銷工作十分不易，花錢又費時。」

Head Full of Snakes

頻率：年刊
創刊日：2012 年 1 月
印量：1,000 冊
定價：15~20 澳元
用三言兩語形容：體力勞動、執著狂熱

摩托車同人誌《Head Full of Snakes》由設計師路克‧伍德和史都華‧蓋德斯（Stuart Geddes）合作出品，並以紐西蘭和澳洲為據點。這本雜誌最初是由紐西蘭坎特伯雷大學（Canterbury University）提供資金，「這是研究專題，以摩托車為名義，實為調查體力勞動政治學的一本刊物。」出乎意料地，這本雜誌廣受歡迎，而且還得了幾座獎。伍德和蓋德斯說：「打從一開始，我們每期雜誌的製作費用就是來自上期的收入。」《Head Full of Snakes》幾乎僅透過官網銷售，「偶爾也會出現在書店，要夠幸運才能找到！」

訂閱

　　訂閱是獨立雜誌的解藥還是毒藥？無論對出版者還是讀者而言，訂閱服務都是重要的承諾，兩方將因此進入持續的經濟關係──他們預付一或兩年份的雜誌，而你則一定要做出雜誌。

　　一方面，這是英明的作法，你能立刻拿到製作雜誌的資金，且獲得了忠誠的顧客，還能把相關數據拿來吸引潛在廣告主。不僅如此，你還收到比透過零售商更高的利潤。然而，你也必須付出努力，才能維持美好關係。儘管錢已到手，訂閱服務也會增加其他成本，你需要時時留意現金流量，確保有足夠資金持續產出雜誌，直到所有「現行」訂閱結束之前都不能停歇。

　　訂閱服務也牽涉到管理層面。由於讀者能在任何時間點下訂，而你必須掌握每位訂閱者的狀況，諸如每一位訂閱者開始訂閱的時間，還剩多少期等。你得收取款項，並與訂閱者保持聯絡──讓每個人知道他們的訂閱期間有多長，並在快結束時提醒他們，還要處理他們的問題或意見（尤其是當他們沒收到最新一期雜誌時）。如果你有一千名訂閱者，而每人的訂閱起訖時間各異，可想而知，若是半年刊，管理起來一定比月刊容易得多。

　　別忘了郵寄費用。採用物流服務可能較個別郵寄來得便宜，不過，請注意國際訂閱的運費，如果要讀者負擔，他們可能因此卻步，但自行吸收一定會吃掉不少利潤，因此對於海外訂閱，考慮透過經銷或許較為理想。

5. *Delayed Gratification* 訂閱者所收到的每期雜誌都裝在特別設計的抽取盒中，還可以優先購買 Slow Journalism 活動入場券。

訂閱服務

經營訂閱服務的方法有許多種，取決於你需要管理的訂閱數量，以及所能投注的時間多寡。

▶ **自行處理**：從小規模開始，並且要井然有序──你會需要有個系統來管理客戶資訊、處理付款及寄出雜誌。

▶ **訂單服務公司**：待自己處裡不來，可以包給訂單服務公司來處理。有不同程度的服務可供選擇，例如簡單的「儲存寄送」（store and send）服務，由你提供雜誌及訂閱者名單給該公司；或者，也可以付錢請他們處理所有環節，從收款、更新訂閱者資料庫，到寄送及處理退貨。

▶ **訂閱服務公司**：這類公司提供完整的訂單服務（請見上一項），並且負責處理整個流程。他們可能也會提供連結至你的訂單系統，方便你管理訂單與資料庫即時更新。儘管要價不菲，但若你每年出刊多次且擁有數千名訂閱者，似乎勢在必行。

▶ **訂閱服務顧問**：你可以聘請個人接案的訂閱服務顧問來管理你和訂單服務公司或訂閱服務公司之間的關係，監控每日例行公事，以及策劃與執行促銷活動，使一切更有效率。

5.

設計與獎勵

訂閱最重要的就是忠誠度，獎勵願意預付款項的讀者非常重要。訂閱者收到的每本雜誌都是自己的宣傳大使，象徵著品牌理念。因此，包裝方式應當有一定水準，展現出雜誌人對細節的重視。當訂閱者拆開包裝，他應該要感受到激動與期待。

你可以做一些非常簡單的努力，例如精心設計包裝紙（印有地址的表單，由負責處理訂閱業務的人或物流中心幫你包裝）；或是花大錢訂製專屬的包裝紙和箱子。請向你的訂單服務公司或訂閱服務公司說明理想作法——若你想要脫穎而出，堅持己見是有必要的。

訂閱服務擁有最好的利潤空間，因此值得盡可能地做促銷。可以嘗試提供專屬折扣，如活動限定折扣，或是與合作夥伴聯合提供折扣。除了在網路上促銷訂閱之外，建議多多衡量其他方式，例如，在可能會接觸到目標閱眾的其他刊物中，插入折扣卡。

「要處理訂閱服務，提供轉帳代繳服務的 **GoCardless** 是我的首選。它既便宜又簡單，還能大幅降低顧客流失率。我多麼希望它在我們創刊之初就已經存在！」

《Delayed Gratification》羅伯・歐邱德

訂閱的優劣

+ 款項提前入帳，得以用作未來的雜誌製作資金。

+ 忠實讀者和保證印量有助於吸引廣告主。

− 需投注大量時間、精力和／或成本去管理訂閱。

− 必須盡到財務管理上的義務與責任，以確實提供顧客已付款的雜誌。

成為貴賓：勾引訂閱者

Monocle

頻率：每年 10 次
印量：80,000 冊
定價：7 英鎊
年度訂閱費用：100 英鎊起
配銷方式：80% 透過書報攤及書店；20% 透過訂閱

　　《Monocle》，封面副標為「探討全球事務、商業、文化及設計的簡報」，由備受敬重的出版業權威泰勒·布魯爾所創辦，總部位於倫敦馬里波恩區（Marylebone）的 Midori House，擁有大量編輯人員。此外，它在全球其他七個城市另有分公司，並有數以百計的撰稿人、研究員、攝影師及插畫家參與協作。然而，《Monocle》這個品牌的本質仍可以回溯到發行人清楚而堅定的願景：它是布魯爾本人的延伸，從雜誌的題材範圍和調性，到 Midori House 室內織物陳設品中最小的鈕扣，每個細節皆是。其訂閱服務沒有折扣，但每期都會給訂閱者「獨家贈品」。

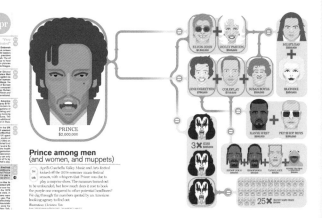

Delayed Gratification

頻率：季刊
印量：6,000~7,000 冊
定價：10 英鎊
年度訂閱費用：36 英鎊起
配銷方式：40% 透過書報攤
及書店；60% 透過訂閱

每一期《Delayed Gratification》
都被包裝於印刷精美的紙盒及特製
抽取盒中，訂閱者每次收到雜誌，
都是一場質感之旅。從收件到拆
封，在在突顯這本雜誌對設計及
文編品質的要求，以及對細節的重
視。《Delayed Gratification》的共同
創辦人羅伯‧歐邱德說：「訂閱服
務絕對比零售重要。和我們所提倡
的理念（慢新聞）產生共鳴的人很
多，這使我們得以提供為期一年的
訂閱服務，進而有足夠的營運資金
著手去做。」

另闢蹊徑

線上商店與網路銷售工具都是值得考慮的配銷方式，它們的利潤空間皆優於傳統經銷商。諸如 newsstand.co.uk 的服務會接受委託，並透過其線上商店為你推銷，而且賣出去後才會向你收取費用，每本的收費固定，金額取決於雜誌的重量。

可以利用 magpile.com 建立線上店面，從自家網站連結到該店面，或是在你的網站嵌入「購買」按鈕都是可行的作法。magpile.com 同時也是線上商店，可供消費者瀏覽及購買雜誌，除了單本購買，也能購買訂閱服務。略為不同於其他經銷商，他們不負責包裝及寄送，不過，收取的費用也相對較少（最新價目是約 6 英鎊月費，以及雜誌定價 8% 的抽成，以實際銷量計）。運費可自行設定，雜誌售出後，他們會結算運費與拆分後的金額給你。

雜誌專家史蒂芬·沃森創立的訂閱服務 Stack，已經幫助無數獨立雜誌增進財富。沃森親自挑選及管理其提供的雜誌，而每個月，訂閱者都會收到不同的獨立雜誌，藉此幫助雜誌觸及原本可能無法接觸到的新閱眾。沃森主動邀請雜誌參與，出版者需事先規劃額外多印約 3,000 冊，沃森會以每冊約 1.6 英鎊的價格買下它們，並寄送給 Stack 訂閱者。沃森解釋：「出版方在原先的印量之外增加印量，可降低印刷單價。而這也代表，即使 Stack 以低價買下雜誌，他們仍能獲取利潤……一旦雜誌寄達我的倉庫，我就立刻付款，而且是買斷不退貨，所以對於出版方來說，毫無風險可言。」

「線上銷售的利潤遠高於書報攤，不過，後者可以作為吸引新讀者的管道，並且將其轉介到前者。」

《Oh Comely》麗茲·安·貝內特

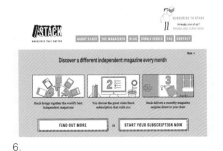

6.

關於由《Works That Work magazine》首創的「社群分銷」，請見第 91 頁及第 146~151 頁。

6. Stack 以低價買斷獨立雜誌，並將其主動推薦給新閱眾。

Oh Comely

頻率：雙月刊
印量：15,000 冊
內部員工人數：3 位全職、3 位兼職
頁數：132 頁

創刊於 2010 年的《Oh Comely》，重新定義了女性生活風格雜誌。這本雜誌處理內容的方式率直、有趣、體貼，有別於一般年輕女性取向雜誌的傳統作法。其收入來源共有：雜誌銷售，線上直接銷售，透過若干經銷夥伴鋪貨的商店和書報攤；廣告業務；以及提供創意代理服務。對於《Oh Comely》來說，能見度和廣泛的可及範圍很重要，因此，除了透過經銷商鋪貨至大連鎖雜誌店如 WHSmith 等和書報攤之外，也銷售至非標準零售商的環境，如 Whole Foods 超市及時尚品牌 Anthropologie 的各分店、機場貴賓室、歐洲之星（Eurostar）火車上，以及教育機構。

Offscreen

頻率：每年 3 到 4 次
印量：4,500 冊
內部員工人數：1 位全職
配銷方式：25% 透過國際性書店；75% 透過直接線上銷售
頁數：154 頁

鬼靈精怪的凱・布拉禾在數位世界打拚數年後，創辦了《Offscreen》，針對「藏身於位元及像素背後的人們」，述說他們的故事及分享他們的經驗。他身兼主編、藝術總監和發行人，典型的一人軍隊。此外，他與朋友研發出一套專屬的訂單管理系統，用以處理來自雜誌網站的訂單、提供給物流公司的寄送資訊，以及款項和訂閱業務。他定期撰寫部落格，大方分享出版雜誌的過程，諸如理論、正在進行的實驗，以及財務資訊。

獨立雜誌店伴隨著獨立雜誌的熱潮崛起，落腳在雜誌愛好者的聚集地，也成了雜誌人透過活動與讀者見面的場所。本篇專訪阿姆斯特丹傳奇雜誌店 Athenaeum Nieuwscentrum 的採購馬克・羅伯孟，他負責決定哪些雜誌有幸來到店裡的陳列架上。

你認為雜誌應具備那些要素，才能在店裡有好成績？

　　我們店裡一共有兩千種雜誌，因此強烈的個性非常重要。創作者與題材之間的關係是最重要的，你是真的熱衷某個主題，還是只為了追隨潮流、想要成為「很酷的雜誌人」，只要讀幾篇文章，就能看出來。

　　依不同類別的雜誌，店裡分成很多區：設計類、美食類、室內設計類、都市生活與建築類、文學類、時尚類、攝影類、自行車類、電影類、時事類，新進雜誌至少必須符合其中一項分類。

店內的所有雜誌中，有多少是獨立出版？

　　目前大概占四成，比例頗高。儘管整個雜誌界占最大宗的仍是商業雜誌——由大型出版商操刀，並有大量廣告業務——但在過去六年已大幅轉變。獨立雜誌的種類急遽增加，而且在銷售方面也表現得非常出色。

1.

訪談
零售商

馬克・羅伯孟 Marc Robbemond
阿姆斯特丹 Athenaeum
Nieuwscentrum 雜誌專賣店

2.

是什麼助長了獨立雜誌的熱潮？

我認為現在大眾對非數位的東西比以前更感興趣，也更喜愛收藏雜誌。有人說，「從獨立雜誌感受到的魅力，就和從獨立音樂所感受到的一樣。」相較於只是想促使人購物的雜誌，獨立雜誌能讓人收藏、珍惜和發掘更加貼近自己的東西。商業化的雜誌仰賴廣告業務為生，當然會希望讀者盡量購物。探討特定主題的新雜誌很令人著迷，其內容深入程度就像是一本書，只不過每隔三個月，那本書又會再推出新的篇章。做獨立雜誌是件很文青的事，從《Kinfolk》、《Cereal》等雜誌就可以看得出來。

新形態生活風格雜誌曾帶動一波風潮，現在又有哪些新潮流正嶄露頭角呢？

在最近幾個月（2014 年 10 月），我們看到許多極具藝術感的情色雜誌，它們與《Kinfolk》的風格其實相去不遠，並不是太露骨，呈現出安靜的美感。不過最近的設計界，對於前幾年流行的極簡風格有所反撲，一些更加粗獷、未經修飾的刊物出現了，或許大家不再那麼拘謹，而想要看到熱鬧的頁面。

精心規劃、雅緻簡約的風格曾蔚為主流，不過，你是否認為現在讀者更想要同人誌一般的龐克精神？

是的。讀者如今想要沒那麼完美的東西，如《Another Escape》就是如此，呈現出較未經修飾的風格。挪威／瑞典雜誌《Oak: The Nordic Journal》也是其中一例。我認為，極簡風之所以盛行，不能說是雜誌界一窩蜂模仿，而是不約而同受到啟發。有時候，我們未加思索就來者不拒，結果發現整間店的雜誌風格全是一樣的乾淨無瑕。因此，我樂見突破。

要怎麼做才有辦法鋪貨至 Athenaeum Nieuwscentrum？你經常回絕雜誌人嗎？

我們剔除或拒絕一本雜誌最主要的原因，通常是拿不到利潤。對我們來說，從美國進貨非常困難，因為寄送費用很高，所以我們得把運費加進定價。就算讀者願意付高額購買專業雜誌，25 歐元大概也是極限了，若超過 30~35 歐元，就很危險。我不想要店裡有一大疊貴到賣不掉的雜誌，因此遇到這種情況時，我會轉介歐洲的經銷商給那些雜誌人，例如倫敦的 Antenne Books，或是柏林的 Motto。

基本上，我們樂意給機會。有時候，我們也不確定某本雜誌會不會成功，或是主觀上不喜歡，結果它卻一砲而紅，賣到我們需要追加訂單。成功沒有公式可循。

1. 馬克‧羅伯孟，攝影 Ivan Jones。
2. Athenaeum Nieuwscentrum 店面。

你只跟有經銷商的雜誌交易嗎？

　　並非如此，我們與許多小出版商直接交易。就獨立雜誌而言，40%是透過經銷商，其餘 60% 則是直接交易，所以我得處理許多繁瑣的事，如發票及寄回雜誌等。不過，能夠直接與主編和出版人面對面也是件令人開心的事。

配銷工作似乎是獨立出版人最頭痛的事。你認為對小出版商而言，必須開始與經銷商配合的時機為何呢？

　　身為零售商，我絕對歡迎雜誌透過經銷商而來，那樣對我來說輕鬆多了。我不僅能訂購較大的數量，而且退貨也很容易。不過我也清楚，經銷商的付款機制和收費比例，實在讓雜誌製作者沒什麼獲利空間。

　　有時，就算對方有經銷商，我們還是會直接與他們交易，雖然我們的工作量會因此增加，但是雜誌人真的很需要多一點利潤才能出版下一期，所以我並不介意。雜誌為了存活下去，來自銷量的收入不可或缺，而且必須在下期送印之前就收到款項，若是跟經銷商配合，就沒辦法做到；經銷商要等到所有通路全部結算完畢後，才會付款。

　　每年我定期整理每個經銷商沒賣出去的書，集結起來寄還給他們，然後對方會寄來銷貨折讓單。若我們直接向個別雜誌訂購，處理方式也相同，只不過我需要親自和對方溝通所有事項。我們是以可退貨的條件來進貨的。

3.

哪些因素會影響雜誌的銷售表現？

　　我經常在思考這個問題。有時，某一本雜誌原本看起來不妙，但忽然又受到矚目，甚至演變成庫存不夠而需再追加訂購。有時，總是受到歡迎的雜誌，也會突然有一期完全沒人理睬。可能是因為封面有點不對勁等看似微不足道的小事，就會造成重大影響。或者，也可能是因為另一本同時出刊的同領域雜誌更精彩。

　　我經常確認每本獨立雜誌的庫存量，以確保店內有足夠的數量。假如只剩幾本，我就會追加，因為陳列的數量夠大，才能吸引更多注意力。這樣的工作程序一直都在進行。

如何才能做出中至長期成功的雜誌？

　　力求與眾不同，並挑選自己能夠長時間保有興趣的題材，這些都是成功雜誌擁有的特質。以《The Outpost》為例，他們的選題概念即具備強大的續航力——未來必有許多關於中東的東西可寫，而且中東在未來數年的可能性無限，足以令人感興趣很長一段時間。《Flaneur》每

期都會挑選某個城市內的某條街，並且述說他們在那裡找到的故事。《Delayed Gratification》的選題概念同樣十分強大，他們能夠從中構思出每一期的內容。

我認為，小規模的雜誌若與經銷商配合，或許無法帶來太多收入，但有助於吸引目光。店家無需自己去發掘，雜誌就會被送到他們面前。所以，沒錯，透過經銷商或許會讓你賺不了錢，但能讓雜誌出現在書展和店內，建立起讀者群、擴大雜誌影響力，這才是最重要的。

創始階段的雜誌人該向零售商諮詢意見嗎？你通常會給什麼樣的建議？

若有新雜誌找上門，我會說明我大概能進多少，例如，我或許會告訴對方我能先以寄售形式進十本，假如賣得不錯，就會根據銷售速度追加訂單。此外，我也會表明我是否喜歡他們的概念，是否樂意讓店裡多一本那樣的雜誌。

雜誌的出刊頻率會有影響嗎？銷售壽命較長的雜誌有沒有特定的出刊頻率？

有，半年刊的較容易長銷。愈來愈多季刊轉變成半年刊，皆是出於財務和時間的考量。獨立雜誌人通常都還有一份正職工作來維持生計，而且，假如團隊人數較少，保持品質和不斷有新構思是最重要的事，每一次的出刊都要無懈可擊，絕不可讓讀者感到某一期看起來似曾相識。所以，若有半年時間籌備，就能更深入探討題材，才不會在出刊後才發覺內容不夠精彩，而使雜誌形象扣分。

Athenaeum Nieuwscentrum 定期會舉辦活動，實體活動是否也是獨立雜誌的趨勢呢？

我們曾在店裡推介藝術雜誌《Colors》，前來的閱眾面向非常廣——除了藝術愛好者，還有很多記者。每個人都很想聽聽編輯和出版人現身說法，也很希望能和他們討論雜誌界的當前發展，及對紙本未來的看法。我們定期會舉辦像這樣的活動：介紹新一期雜誌，邀請其製作者及主編一同參與，進行現場對談。讀者極有興趣，這是新的氣象。

請談談「那個」永恆的議題……

大家都認為紙本未亡，但不代表我們就可以好整以暇。我們還不知道紙本的未來在哪裡，不過它應該還會存在非常久的時間，因為現在有這麼多新雜誌誕生，還有許多老字號依舊屹立。店裡的雜誌來來去去，但也有許多逐漸成為鎮店核心。獨立雜誌界就像一個社群，而我很開心能夠參與其中。

3. Athenaeum Nieuwscentrum 的雜誌陳列。

07

廣告業務

廣告也要對味

吸引並留住廣告主

製作媒體資料袋
（media pack）

與品牌合作的創意
方式

征服廣告業務的指南

　　廣告業務總是令獨立出版人的心情五味雜陳，部分是由於獨立出版人已在許多方面跳脫傳統出版模式，甚至將廣告業務視為傳統雜誌才會用的籌資方式。對商業出版而言，雜誌完全是為了廣告而生的傳播媒介，廣告銷售當然是最大收入來源。

　　但獨立出版就大大不同了，內容是最重要的，而這些出版人經常也同時身為主編和設計師，比起廣告主，讀者才是他們的優先考量。某些獨立雜誌會刻意避免廣告，單純仰賴雜誌銷售收入。就算他們承接廣告業務，也可能是迫不得已，也可能會嚴格規定廣告的視覺效果要與其內容一致。然而，其餘獨立出版人則認為廣告確實有存在必要，他們了解每一頁廣告所帶來的收益，可能相當於售出數千本雜誌，而且廣告的美術設計有時可能和正規內容一樣美妙，也能為讀者的體驗加分。

　　終究，一切都是你考量策略和野心後的選擇。本章將助你判斷廣告業務是否適合你的雜誌，並提供幾個實際案例作為參考。此外，也會針對如何吸引及留住廣告主，提供實用忠告。

廣告業務適合你嗎？

　　約漢娜・阿格曼・羅絲於 2011 年創立設計類雜誌《Disegno》時，她非常謹慎地規劃商業模式，承接廣告業務也是其一環。承接廣告與否，不僅是意識形態上的決定，更是商業決定。她說：「我一直都希望廣告成為雜誌必不可缺的一部分。而與有預算製作美麗廣告的精品品牌合作會有趣得多——讀者能從中得到樂趣。我一直都將廣告視為與文稿同舟共濟的東西，只不過你需要精心規劃，好讓它符合你的雜誌。我從沒想過要創作一本沒有廣告的雜誌。」

「天下無難事，只要你夠拚命。」

《Port》丹・克羅

廣告業務確認清單

對於仰賴廣告收入的出版模式，你需要：

✓ 高品質的出版品

✓ 清晰而獨特的編輯眼光

✓ 明確的讀者群

✓ 與廣告市場有關的題材

✓ 發行量達 10,000 冊以上

✓ 堅持的態度，以及出色的媒體資料袋（請見第 117~120 頁）

約漢娜・阿格曼・羅絲的完整訪談請見第 32~37 頁。

彼得・比拉克
的完整訪談請
見第 146~151
頁。

對《Works That Work》的創辦人彼得・比拉克而言，拉廣告與雜誌的中心思想相衝突。他強烈主張，此刻是雜誌轉型的好時機，從製作到配銷的整個出版模式都必須大肆翻新。

獨立的美好之處，在於你可以自在的方式前進，歸根究柢，你選擇的方式可能基於原則，也可能是基於艱難的財務決定。若你透過與品牌合作來賺錢，你的讀者會怎麼想？你有辦法刊登符合讀者興趣的廣告嗎？或者，廣告是否有違你的編輯宗旨？你的題材是否有明確的廣告市場可供合作？

廣告業務可能來自與主題密切相關的市場，如《The Ride Journal》這種小規模雜誌，能夠售出足夠的廣告頁面來支付每期印刷及用紙費用。該雜誌的閱眾雖然不大，但都是重度自行車愛好者，不少相關品牌排隊等著要購買廣告頁面。

「廣告主只希望與產品連結度高的主題合作。」

《Port》麥特・威利

或者，你以獨特的設計品味，吸引到時尚領域品牌。全球性品牌中，不乏作風開明的廣告主，合作得當，能為專精且高品質的雜誌帶來優勢。

不過，要能成功承接廣告，是有印量門檻的。《The Gentlewoman》的印量超過 90,000 冊，且擁有非常明確的編輯立場，足以吸引各大國際精品品牌來購買廣告，如

承接廣告業務的優劣

+ 相較於銷售雜誌的收入，收益很高。

+ 可快速獲得現款，能夠用於製作或支付其他費用。

+ 與品牌連結良好，也可以是加分項目。

− 你的閱眾必須也喜愛廣告內容。

− 廣告版面有可能影響雜誌形象。

− 若以廣告業務作為主要資金來源，每期都會有找尋廣告主及維護廣告主關係的壓力。

Ralph Lauren、Dior 和 Prada 等等。能夠達到此等發行量的獨立雜誌並不多，你至少需要 10,000~15,000 冊的發行量，才有機會與領導品牌進行真正的對談。

品質與數量

不論印量或題材，雜誌品質都是尋求廣告主的首要條件，因為品牌不會想要自貶身價。同樣地，讀者也不想被與雜誌主題相衝突的廣告頁面轟炸。為了雜誌、讀者和廣告主著想，慎選合作關係，只要廣告的「感覺對了」，每個人都是贏家。

若你的讀者數量不多，不妨以雜誌品質和讀者的針對性來競爭。《Disegno》每期的印量為 20,000~30,000 冊，雖然對獨立雜誌而言是相當可觀的數量，但與商業型時尚雜誌相比仍是小巫見大巫，即便如此，Saint Laurent 還是願意掏錢購買其外封底的廣告。同是時尚雜誌的《Printed Pages》每期印量僅 5,000~6,000 冊，但一樣能夠持續與 Comme des Garçons 和 Paul Smith 等客戶擁有廣告關係。

蘿莎・帕克和瑞奇・斯坦布萊頓於 2012 年創辦名為《Cereal》的旅遊時尚雜誌，第一年，沒有刊登任何廣告。然而，當印量達到 15,000 冊後，他們發覺廣告業務不失為一個好的收入來源。帕克說明：「只要你的廣告操作正確，它們不但不會顯得格格不入，還能起到加分作用。當大品牌相信你的價值，就像被打了一劑強心針，對於新創雜誌尤是如此。」

獨立出版人丹尼・米勒（Danny Miller）在其共享資源「The Publishing Playbook」（出版戰術）中，也引用了 YCN 合夥負責人狄恩・法爾克納（Dean Faulkner）的卓越見解。米勒和法爾克納在 Church of London、Human After All 和 YCN 等創意代理商擔任要職，擁有豐富經驗。針對與媒體代理商合作以確保拿到廣告的作法，法爾克納的建議如右欄。

在許多情況下，廣告都是透過媒體代理商（Carat、Aediacom、Vizeum 或 Mindshare 等）來處理，所以，出版人不僅要找到各品牌負責相關業務的聯絡人，也需要知道是哪家代理商為他們刊登廣告。

可以的話，建議投資 ALF 等代理商名錄。ALF 會列出各代理商代理的品牌，以及負責該品牌的人員。他們還會列出該品牌內部的行銷聯絡人，所以非常值得（最基本的方案約 2,500 英鎊）。

媒體代理商大致可以分成兩類——媒體企劃及媒體採購。企劃人員負責建構整個廣告活動，待計畫底定後，就輪到採購去拿下媒體所有人（雜誌、線上、電視等等）的媒體空間。因此，對於你有興趣合作的品牌，最重要的就是讓其媒體採購看見你。以雜誌而言，窗口就是紙媒採購人員，若你也想銷售網站上的空間，就需要另外和數位採購團隊溝通。

由於媒體代理商代理的品牌不只一個，所以，建議嘗試透過聯絡人拓展關係。譬如，在與媒體採購人員對話時，詢問對方負責其他品牌的同事是否會對你的雜誌有興趣，以及他們是否願意幫忙牽線。

請建立一份公關清單，列出各相關品牌和媒體代理商的所有聯絡人，定期寄送雜誌給他們。

——狄恩・法爾克納，YCN 合作關係負責人

Riposte

頻率：半年刊
創刊日：2013 年
地點：英國倫敦
印量：7,000 冊
語言：英文

《Riposte》的副標為：「為女性打造的聰明雜誌。」創辦人丹妮爾·彭德說：「我們希望透過實際作為來啟發大眾，絕不從傳統女性的角度來談論事情，而是透過我們所介紹的女性，直接用她們的成就來說話。」彭德說明，有一次她閱讀男性雜誌時，驚覺女性雜誌的市場中缺乏同等級的產品──除了消費時尚和八卦，她找不到真正有趣、高品質的女性雜誌；這促成了《Riposte》的誕生。她處理廣告業務的方式慢條斯理且深思熟慮，慎選合作品牌，在在反映出對讀者的尊重。

A Smart Magazine for Women

Riposte

Nº3

In this issue:
Anna Trevelyan,
Nathalie
Du Pasquier,
Samantha Urbani,
and Victoria Siddall.

Port

頻率：半年刊（原是季刊）
創刊日：2011 年春季
地點：英國倫敦
印量：73,000 冊
語言：英文，並且同時發行俄文及中東版本。

　　《Port》擁有超群絕倫的版面配置及頂尖的撰文品質，提高了男性雜誌界的整體水準。這本雜誌的文章不落俗套，拒絕跟隨商業雜誌的潛規則，展現出豐富的領航力。不過，《Port》仍然仰賴廣告收入。總編輯丹·克羅說：「雜誌已經變得極度依賴廣告業務，失去閱讀樂趣。翻閱《GQ》，你看不到任何一篇真誠的文章，每篇都像是業配文。《Port》雖然仍用英俊男士來展示服裝，而且由廣告主贊助，但搭配的是非商業化且有深度的報導。這是我們權衡下的作法。」

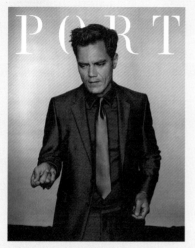

吸引並留住廣告主

決定將廣告業務納入出版模式後，該從何著手？承接廣告業務，等於選擇承擔每期都要拉廣告的壓力。你需要去創造、去灌溉、去維護與品牌的關係，好在雙方的需求之間取得平衡。請保持務實態度——你於所在的小眾市場中是否占有優勢？你是否需要和其他更有名氣的獨立雜誌爭奪相同客戶？你提供的內容有哪些獨到之處？你要如何使品牌相信你能為他們創造機會？

擁有廣告主後，務必細心灌溉這份關係。帕克指出：「我們需要持續給廣告主信心，讓他們相信我們非常認真，相信與我們合作能夠觸及正確的讀者群。從頭到尾都要保持思慮清晰且誠實，最重要的是，了解如何運用自己的長處。」

1. *Works That Work* 媒體資料袋。
2. *Riposte* 媒體資料袋。
3. *Perdiz* 媒體資料袋。

如何接洽廣告主

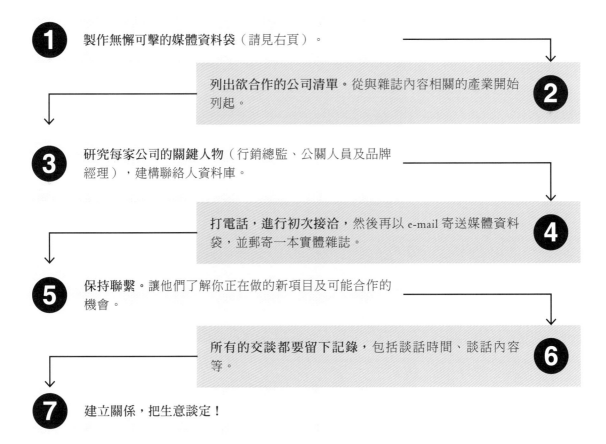

1 製作無懈可擊的媒體資料袋（請見右頁）。

2 列出欲合作的公司清單。從與雜誌內容相關的產業開始列起。

3 研究每家公司的關鍵人物（行銷總監、公關人員及品牌經理），建構聯絡人資料庫。

4 打電話，進行初次接洽，然後再以 e-mail 寄送媒體資料袋，並郵寄一本實體雜誌。

5 保持聯繫。讓他們了解你正在做的新項目及可能合作的機會。

6 所有的交談都要留下記錄，包括談話時間、談話內容等。

7 建立關係，把生意談定！

製作媒體資料袋

無論是直接銷售廣告給小公司，或是透過媒體代理商賣給國際品牌，你都需要出色的媒體資料袋。媒體資料袋是主要銷售工具，目的是一次呈現廣告主所需的全部資訊。媒體資料袋的每個細節，都肩負形象大使的責任，它不僅要傳遞雜誌的樣貌及氛圍，還需突顯你的強項和獨到之處。媒體資料袋的形式可能是印出來的文件、網站上的頁面，或是 PDF 等數位格式。

1.

介紹雜誌

簡介你的編輯立場、雜誌主張，以及你何以與眾不同。這看似容易，但實際執行起來很難，需要花一些時間整理。雜誌介紹要簡潔有力，《Works That Work》為我們做了優秀示範：「我們希望這本雜誌裡的文章，能夠成為你在晚餐時刻與朋友分享的美好故事。」

製作詳情

說明你的題材有哪些，將如何處理這些題材？協作者有誰？雜誌的製作方式有何特別之處？有哪些數位或線上內容？

視覺頁面

收錄近期最吸睛，且最具代表性的封面和跨頁。媒體資料袋的設計，無論是品質要求、用心程度或及關注程度，都應當等同雜誌本身。

2.

3.

4.

亮出王牌

若你曾於所在產業贏得賞識或得獎，或是獲得正面的媒體報導，請簡潔地列出細節或引述。

說明優勢

向潛在廣告主說明在你的雜誌中刊登廣告有什麼好處。這段敘述可能是讓廣告主願意上門的關鍵，他們會想知道你的讀者喜歡什麼，雜誌能和品牌擦出什麼火花，以及你打算用什麼別人沒想過的方式幫助他們觸及目標客群。

5.

讀者群

請說明什麼樣的人會閱讀你的雜誌，以及他們的閱讀動機。概述讀者的人口結構、興趣及購買習慣。在創刊並開始營運後，進行讀者問卷調查有助於獲得客觀資料，此時就能派上用場。

廣告價目表

不必多說，列出價目表是進入議價程序的起點。多數雜誌會在這裡提供折扣，藉此促進成交或促使廣告主預訂多期版面。請列出所銷售之廣告版位（例如封面裡、封底裡、封底、單頁、整版跨頁等），或許也可以提供包含印刷廣告及數位廣告的套裝方案。在研究該收取多少費用時，不妨參考其他雜誌。獨立雜誌界的收費琳琅滿目，大規模的獨立雜誌（如《Monocle》和《The Gentlewoman》等）的媒體資料袋和價目表可以在網路上找到；而小規模的雜誌，若你虛心請教，一些親切的出版人可能也會願意分享。

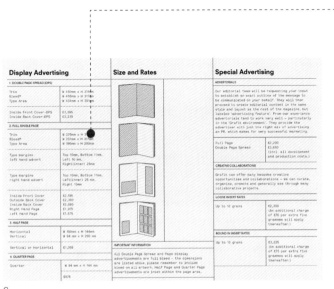

6.

7.

聯名贊助、廣編稿

除了廣告頁面之外，也提供其他廣告方案，例如贊助單元、活動及量身訂做的專案項目。

出版時間表

媒體採購經常會在一年前或更久以前就開始規劃，而且每年有幾個特定時間會撥預算給廣告活動。因此，請提供出版計畫及各期談論的主題等相關資訊。

聯絡資訊

讓潛在客戶輕易找到談生意的窗口。

重要數據

條列出雜誌的各項統計資料，如紙本發行量、社群媒體相關數據、出刊頻率、定價、尺寸、頁數及語言。

Circulation

Published twice a year

Print Run, Issue 1: 3,000 copies (100% sold out)
Print Run, Issue 2: 3,200 copies (85% sold out)
Print Run, Issue 3: 3,500 copies (65% sold out)
Print Run, Issue 4: 5,000 copies (to be out in November 2014)

Paid Digital Subscriptions: 1,858
Unique Website Visitors: 150,000+ (worksthatwork.com)
Facebook Fans: 9,000+ (WorksThatWork)
Twitter Followers: 31,000+ (@tryetheype)

With an average pass-on readership of 4.2 per copy, *WTW* is read by tens of thousands of the world's creative professionals. This means through promotion in WTW you can speak directly to influential creative individuals around the world – those responsible for creating tomorrow's culture and trends.

Paid circulation by country:
United States: 19%
Great Britain: 13%
Germany: 9%
Brazil: 8%
Netherlands: 6%
France: 5%
Canada: 5%
Switzerland: 4%
Others: 31%

8.

經銷通路

概述你的經銷通路和全球觸及地點，甚至列出完整的銷售據點名單。

4. *Boat* 媒體資料袋。
5. *Makeshift* 媒體資料袋。
6. *Grafik* 媒體資料袋。
7. *Put A Egg On It* 媒體資料袋。
8. *Works That Work* 媒體資料袋。
9. *Put A Egg on It* 媒體資料袋。

9.

廣告格式、詳細規格

列出廣告版位和尺寸的細節，並說明他們在提供廣告設計給你時，所需遵守的技術需求。也可以在這裡提出付款條件和取消政策。

10.

廣告位置

多數雜誌會避免將廣告頁面擺在整本刊物的中段，因為那裡最需要保持讀者閱讀時的完整性。所以，廣告多會置於文章較短的前段及後段，這兩個部分有較多機會插入單頁廣告。雜誌前段及後段同時也是讀者開始翻閱的地方，所以對廣告主也更具吸引力。

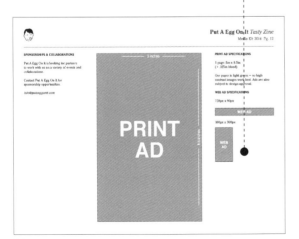

11.

版位

以下是標準全頁廣告版位的常見專有名詞及縮寫，相較於「分類廣告」，「全頁廣告」較常見於獨立雜誌。

▶ 封面裡 IFC（inside front cover）
▶ 封面裡對頁 facing IFC
▶ 版權頁對頁 facing masthead
▶ 單頁 SP（single page）
▶ 內全頁 page run of magazine，未指定版位的全頁廣告。
▶ 整版跨頁 DPS（double-page spread）
▶ 封底裡 IBC（inside back cover）
▶ 封底 OBC（outside back cover）

12.

創造力與整體感

除了銷售廣告頁面之外，還有其他方法可以從你與品牌之間的關係獲利。發揮創造力，提供品牌不一樣的途徑來開發客戶。為品牌量身訂做的贊助活動，不僅有助於你探索有趣的編輯想法，也能引發讀者好奇，且令品牌有機會接觸平時難以觸及的閱眾，同時建立信譽。

《Gentlewoman》與品牌合作，為讀者俱樂部的會員舉辦活動，例如尋鬼夜遊（ghost walk）和路跑團。《Disegno》則會定期和品牌合作舉辦沙龍活動，也為品牌量身訂做活動。主編約漢娜・阿格曼・羅絲說：「擁有舉辦特色活動的自主性非常重要，否則我們就不值得在活動中掛名了。與品牌一同舉辦活動時，我們有辦法讓品牌受益於我們已經在做的事。」

就算是傳統頁面廣告，你也能用嶄新的方法使廣告內容與雜誌同調。凱・布拉禾在《Offscreen》中這麼做：廣告主付費購買「贊助」頁面，內容包含 LOGO、連結及一段話，並採用統一的視覺呈現——黑底白 LOGO、白字。布拉禾憑靠這種另類廣告版位及出售「資助者」名單，籌得每期雜誌的製作費用，每位資助者的費用是 100 美元。他解釋：

「不要急著上網找名單，從你已有熟識聯絡人的公司著手，就算是本地小公司也無妨，然後，請將基本費用設得非常低。贊助《Offscreen》的創刊號只需花 400 美元，對製作成本幾乎無所助益，不過卻能建立與贊助人的關係，使我有機會證明《Offscreen》值得投資，也因如此，至今仍有許多當時的公司持續贊助這本雜誌。」

13.

身為出版人，你也可以銷售創意資源與品牌，亦即運用自身團隊和優秀協作者資源，為品牌打造內容。很多獨立雜誌都會這麼做，並將之視為重要的收入來源。《The Gentlewoman》為時裝零售商 COS 的雜誌提供設計和藝術指導服務；出版《Weapons of Reason》的創意代理商 Human After All 曾為 Google、Facebook 及世界經濟論壇（World Economic Forum）製作刊物；而《Boat》雜誌的製作者，也曾為表演藝術組織 LIFT 在 2014 年舉辦於德里／倫敦德里（Derry/Londonderry）的戲劇節，製作限定版刊物。

泰勒・布魯爾坐鎮位於倫敦馬里波恩的 Midori House 辦公室，指揮滿滿三層樓勤奮傑出的人才：一樓是雜誌《Monocle》自家廣播電臺 Monocle 24，二樓是雜誌部，而三樓是 Winkreative，那是布魯爾於 2002 年離開《Wallpaper*》並在 2007 年創辦《Monocle》之間，所創立的品牌行銷及合同出版（contract publishing）代理商。以下，布魯爾將從其獨一無二的制高點，分享獨立出版的豐富知識。

你如何建構《Monocle》的出版模式？

　　回想當初做《Wallpaper*》的時候，我們空有熱情，沒有頭緒，只是拚命想將它帶入市場。除了知道我們必須賣廣告，且閱眾將來自全球各地，對雜誌營運的所有環節如籌資、業務發展，或是怎麼做損益表，我們毫無概念。

　　能有連續犯錯的空間，是不可多得的好事，而且我很幸運地能在《Wallpaper*》創刊的一、二年後賣給時代華納（Time Warner），並且在企業體制之下繼續經營該雜誌五年。現在，我把《Wallpaper*》視為前菜，就像是為了目前工作進行的準備訓練。《Monocle》則是我一直想做的雜誌。

1.

訪談
董事長

泰勒・布魯爾 Tyler Brûlé
《Monocle》總編輯兼董事長

創辦雜誌，會有個學習何謂「公司」的時期，以及所有關於新創公司及中小企業的大小事。2005年，我們開始認真思考《Monocle》時，覺得應該去測試和挑戰自己想做的事，所以我們前往創投公司洽談，然而，他們對雜誌沒有興趣。我們也諮詢了一、二間大型出版商，看看他們願不願意以種子投資人的身分與我們合作，而他們斷然拒絕，認為這樣的雜誌沒有市場。但我們仍然認為自己的方向正確；我們已經和廣告主談妥，有想法，有空間可以當辦公室，幾乎可以開始運作了，只差願意投資的人——我們需要現金才能開始。

很幸運地，某一天，有位 Winkreative 的客戶表示她很喜歡《Monocle》的想法，並且有意當創始投資人，只不過有個條件——其他的投資人也要是相關行業；她說：「我不想和銀行或其他組織一起坐在會議室。我想要和真正熱愛雜誌的人及身為實際消費者的人一同參與。」Winkreative 為《Monocle》提供種子資金，讓事情得以慢慢起步。

我認為，創辦雜誌的第一堂課就是慎選合作對象。投資人需要願意長期投資，而非只想快速致富。此外，你還要了解雜誌是瞬息萬變的產業，已經不再有急速發展，緊接著衰落，之後又再次成長的過程。它會持平很長一段時間，然後慢慢地成長，不太可能會有突飛猛進的態勢，除非你像 Bauer、Springer 或 Condé Nast 等出版商，能投注大量金錢來宣傳，而獨立出版人應該辦不到。

2.

不是所有雜誌人都擁有像《Monocle》一樣的巨大野心。獨立經營的雜誌，是否有可能在不仰賴廣告業務的情況下，單靠雜誌銷售達到財務健全？

這要看你創刊時的目標。若你想打造美好的雜誌，變得小有名氣，擁有一群讀者，並且覺得若它能達到收支平衡，或是吸引人們前來你的藝廊，亦或有人因而委託你拍照，就心滿意足了，那當然可以。然而，假如你想勇往直前正式踏入出版界，而且希望這本雜誌帶來財富，讓你的家人住好房、過好日子，那麼，要在沒有廣告收入的情況下，這個願望不太可能實現。我想不到有哪本雜誌是完全摒除廣告，同時又有賺錢且自給自足。

當然，許多獨立出版人都曾有過出版經驗，他們之所以不想要來自廣告的壓力，是因為他們知道那有多複雜、多麻煩。不過，我認為你必須在一開始就設好條件，並且非常清楚每條界線的強度：你願意在某個時間點模糊界線嗎？你願意為了某些特例越過界線嗎？

1. 泰勒‧布魯爾。
2. *Monocle*, issue 1, March 2007

3.

就團隊和客戶而論，《Monocle》和 Winkreative 之間是否多所重疊？

《Monocle》和 Winkreative 是兩家不同的公司，皆合法登記，依法運作，兩者之間的交疊很少。當然，其中還是有跨界的地方，事實上，我希望兩者的交集再多一點。剛創刊時，我們以為會有更多 Winkreative 的客戶在《Monocle》刊登廣告，而且有更多我們在《Monocle》裡探討的題材，可能變成 Winkreative 的客戶。但事實卻不然，它們沒有形成我所期待的共棲關係，不過這也未嘗不是好事。《Monocle》必須憑己力生存，Winkreative 也是如此，我們可以輕易地將兩者分開，而它們仍舊能持續蓬勃發展。

你認為此刻獨立雜誌健康狀況如何？目前的熱潮會持續多久？

這是個很難回答的問題。現在，無論你去到世界哪個角落，都會看到大量的獨立出版品，這是件令人開心的好事。不過同時，它也面臨許多挑戰，我們天天都必須面對。

以英國為例，如今沒有任何大型雜誌經銷商願意為獨立雜誌賭一把，他們只接受商業出版社的委託，因為他們必須勝券在握。專業雜誌的銷售途徑非常少，而且彼此沒有交集。獨立出版人很快就會遇到一個難題：即使大家收入還過得去，而且能夠透過把雜誌定價在10~12英鎊的高價以求生存，但是，配銷的阻礙仍然是很嚴重的問題，難以克服。

我認為目前正處於反動期。由於生活環境過度數位化，為了對抗數位媒體市場的浪潮與猛烈攻擊，紙媒市場出現很大的反動，雜誌或自製的紙本刊物如雨後春筍般湧現。但這種現象遲早會趨於平緩，無論撐到第三期還是第六期，很多雜誌會逐漸消失，一直以來都是這樣。無論現在有多少雜誌前仆後繼加入戰場，之後都會回歸平靜。

你能夠解釋《Monocle》為什麼要拒社群平臺於門外？例如 Facebook 和 Twitter 等。

大家認為我們是反科技者（Luddite）之類的，不過其實完全不是這樣，那純粹是出於商業與品牌考量。我不認為《Monocle》需要一直在「線上」。從編輯角度來看，若大量無謂的閒聊進入到品牌相關的平臺，將會削弱品牌力道。很多人覺得那些平臺讓雜誌更加接近讀者，但同時，那也會是誹謗者的舞臺。

若經過妥善規劃，調性明確的優質雜誌會建造自己的園地。雜誌本來就是有時間性的產品，無需刻意延長它的保存期限。我們並沒有拒絕與讀者互動：所有編輯的 e-mail 都印在版權頁上，若讀者有不滿意的地方，亦或熱愛它，或者想發表評論，何不直接告知編輯呢？為什麼如今什麼都需要一個平臺？

從商業角度來看，數位工具其實是紙媒的大敵。許多獨立出版人都用 Twitter 來引起大眾關注，並用以談論所有他們正在做的事。然而，這導致 Twitter 愈加壯大之後，媒體公司發現廣告主會將預算花在 Twitter 上，而出版人愈依賴 Twitter，就愈助長資金往這類社群媒體流去。我為什麼要餵養 Twitter？這麼做只是在自尋毀滅。

第三個我們不使用社群平臺的原因，是為了守護雜誌特有的神祕感。優秀的雜誌總帶點神祕色彩，如《Hole & Corner》——它是否誕生於位在法靈頓（Farringdon）純白色工作室呢？那裡的天花板是否有塗裝精美的梁木、長長的桌子，夥伴們會在上面一同享用午餐？正因為我不知道，所以我經常那樣想像著，而這種想像空間也是品牌形象的一部分。當然，許多優秀的雜誌也使用社群媒體，但他們沒有在上面透露太多，否則，雜誌最迷人之處將被因此破壞。

4.

5.

6.

7.

8.

《Monocle》的印量有多少？鋪貨狀況為何？訂閱和零售的比例為何？

　　現在的印量約 120,000 冊，銷量則接近 80,000 冊。其中，約三分之一銷往北美，美國是最大的市場，而加拿大是第六大的市場。還有三分之一銷往歐洲，其中最大的兩個市場分別是英國和德國。最後的三分之一去到亞洲，其中又以澳洲、新加坡和香港的銷量最佳。訂閱通常占總銷量的 20% 左右，零售對我們而言很重要。

《Monocle》是雜誌還是品牌？

　　大家都喜歡從品牌的角度來討論雜誌，但我認為《Monocle》是一本雜誌。因為，印刷刊物是我們的核心，少了它就什麼都不是。刊物是獲利的來源，也是我們所有其他業務的本質。從廣播內容、到店裡的產品，以及我們創作的書籍，全都源自於每個月發生在雜誌裡的點點滴滴。

　　倘若我們哪天宣布結束咖啡店與實體店鋪，雜誌本身也能夠續存。可是，我們之所以能有其他業務，全是託雜誌的福。這本雜誌是一切的財源。的確，零售業務會賺錢，咖啡店也會賺錢，但是，若沒有雜誌帶來影響力及現金流量，我們不可能開創那些事業。因此，我從未懷疑《Monocle》的定位。

紙本雜誌對你有什麼魔力？

我不想把自己塑造成出版業大亨，但漸漸地，我發現出版業大亨之所以成了出版業大亨，是因為他們持續在製造業中創造生意。真正做出東西，就是雜誌工作的趣味所在。要做出一本雜誌，需要許多環環相扣的產業一同運作。

我認識一些數位出版的同行們，有時會談論某樣東西還在「測試版」（beta），結果接著演變成「正式版從未上線」的戲碼。但印刷品就不同了。芬蘭北部的樹被砍下來，由雪上摩托車拖過森林，放上卡車和火車，抵達芬蘭南部，然後被放上破冰船，穿過波羅的海，進到德國的工廠製成紙，最後隨著卡車進入英格蘭。在此同時，我們為了創作內容，將許多人派往世界各地，並且採購油墨、膠，以及其他多種必要材料。素材備齊後，它們會被送至位於多塞特（Dorset）的印刷廠，成為最終產品。接下來，物流程序開始，日本航空貨運把雜誌送往東京，國泰航空貨運把雜誌運往香港，馬不停蹄，最後到達世界各地。而我們從未延誤交期。

參與整個過程的人員眾多，不僅如此，當我們的銷售量增長，竟會直接影響遠在芬蘭北部的伐木工人，我覺得這正是製造業的魔力。在這個愈來愈仰賴雲端和電腦的世界，能製造出物品是何其令人興奮的事。

9.

08

金錢萬能

———————

用白話文談談財務計畫

大部分獨立雜誌人最常後悔的事，就是曾忽視財務計畫。相較於把一篇長達十頁的報導拼湊起來，或安排創刊活動，規劃財務也許沒那麼有趣，但絕對是必要的——如果你想要在賣完創刊號之後繼續玩下去。請規劃好出版模式，並得到實際的統計數據之後，聘請一位優良的會計師。會計師除了能幫你處理退稅和損益表等財務行政工作，還可以給予經營策略的建議。

於財務運作上，一定會經歷試行與犯錯，不過，還是有幾個基本動作以及重要提問，能幫助你盡快掌握全局，減少錯誤。

接下來，我們要好好認識成本估算、現金流量及資金籌措等基本知識。

我需要多少資金？

做一本雜誌，主要開支是每期的印刷和用紙費用（關於如何向印刷廠商指定雜誌規格以利估價，請見第 9 章）。根據銷售方式，你需要知道從賣出到收到款項的所需時間（關於配銷和銷售，請見第 6 章）。你需要籌到第一桶金，足以支付創刊號的印刷、用紙及郵寄費用，甚至直到第二期。

下一筆大支出，是創作雜誌內容的花費。即使是像從廚房桌上誕生的《i-D》，它用影印機印出，用釘書機裝訂，但只要擁有生動、製作精良的內容，一樣可能成為經典雜誌。編輯預算取決於雜誌類型及經營規模，撰文、校稿、攝影、插圖及設計等工作，是你一人包辦，還是內部團隊，亦或是向自由協作者邀稿？所有項目之中，你自己要負責多少？能找到幫手的有多少？或是全部都要用錢來解決？

我有辦法賺錢嗎？

沒有人是為了賺大錢才進入獨立雜誌界。要透過雜誌賺錢本來就十分困難，就連大型出版商也需奮力生存，問題經常出在過時的商業模式。獨立出版的美妙，在於你能夠在深思熟慮後，量身打造適合自己工作方式及目標的商業模式。

> 「我們對雜誌已經有想法，有空間可以當辦公室，幾乎可以開始運作了，只差願意投資的人。」
>
> 泰勒・布魯爾，《Monocle》

成本清單

製作一本雜誌，最常見的費用支出項目：

- ✔ 印刷和用紙

- ✔ 編輯：撰文、設計、校稿、插畫、攝影等

- ✔ 郵資和／或物流費用：寄送雜誌到個別客戶、運送至倉庫或經銷商

- ✔ 員工薪水

- ✔ 經常性費用：工作室／辦公室、帳單

LAW

頻率：半年刊
創刊日：2011 年 6 月
地點：英國倫敦
定價：免費
封面副標：「有膽識且有話要說的時下青年」

《LAW》源自約翰·霍爾特（John Holt）就讀於布萊頓大學（University of Brighton）時的畢業專題。霍爾特為了創刊做出莫大犧牲，他回憶道：「我賣掉夢想愛車——1974 年的 Ford Escort MKI，然後印了 500 份雜誌。」這本雜誌在全世界的獨立精品店、書店、報刊銷售店和唱片行免費發送。其收入來自為時尚品牌規劃方向及產品拍攝服務。此時此刻，霍爾特腦裡還有其他計畫：「我們每期都會為封面訂做一件衣服，希望未來一年有機會推出其中幾件單品。」

Perdiz

頻率：半年刊
創刊日：2012 年 9 月
地點：西班牙巴塞隆納
定價：12 英鎊
封面副標：「快樂是會傳染的」

《Perdiz》將無比歡快又樂觀的真實故事集結起來，它是典型的獨立出版事業，完全沒有商業操作，但仍然能夠維持 5,000 冊印量，表現相當亮眼，且每期都有一家贊助商。其創刊資金完全是創辦人瑪它·普依德瑪莎自掏腰包，她說：「有些人將他們的存款花在購屋買車，而我花在做雜誌上。」她為了解放創意魂和創造自己的「夢幻工作」而創辦這本雜誌：「錢從來就不是我做《Perdiz》的目標，或許，這也是《Perdiz》如此有個性的原因。」

若你能讓雜誌自給自足，就已經非常優秀了；若你還能從雜誌拿到多餘的收入來彌補所投注的時間，那更是完美。多數獨立雜誌人都是在正職工作之餘經營出版事業，不過的確有幾位能夠把他們酷愛的兼職工作轉變成正職。當然，其中還有屈指可數的天才，成功使他們的獨立出版事業發展為利潤豐厚的國際性品牌。然而，那些通常極具自我風格的成功雜誌，背後都有投資人的大力支持，必須有專家管理，同時也需承擔龐大的風險。

現金在哪裡？

本書的受訪者之中，約有半數的創刊號資金都來自於個人存款。第二常見的方法則是來自親朋好友的投資及借款，搭配自籌款及贊助。

贊助的形式可能是來自印刷廠及紙廠的折扣。若你能讓他們相信你的雜誌可以充分展示紙張優良特性或印刷技術，進而為他們增進業務，他們可能因此提供大幅折扣，只要在版權頁或廣告頁放上他們的 logo。

如 Kickstarter、Indiegogo 及 Unbound 等群眾募資網站，已經幫助眾多獨立出版新手推出雜誌，甚至還可以進一步助其出版第二或第三期。文學類雜誌《Teller》及美食期刊《Put A Egg on It》皆是藉助群眾募資來出版第二期。

透過群眾募資來籌措資金，同時也是確保預售量的手段。除了透過既有社群來找到募資對象，你也可以自己來。例如《Printed Pages》就是透過其部落格 It's Nice That 來集資。只要你有足夠的現金，就能減少財務危機。

雜誌預先集資的終極形式就是「訂閱」（請見第 6 章），然而，除非你的雜誌已被認定為「非讀不可」的刊物，否則很難讓讀者願意預先投資。《Delayed Gratification》很快就吸引龐大訂閱量，因為其「慢新聞」的理念令讀者覺得自己絕不能錯過每一季的內容。

要在創刊時透過廣告收入籌得資金，是幾近不可能的任務。你至少需要一期雜誌供潛在廣告主評估，還要有漂亮的讀者數量，才有機會說服他們付費刊登廣告，這是很現實的層面。

收入來源

賺錢的方法有很多，想找出正確的收入來源組合，你必須仔細思考出版模式，好好發揮自己的強項。

▶ **雜誌銷售**：雜誌銷售是最顯而易見的收入來源。你可以同時採取多重管道，例如直接銷售予讀者、透過零售商，以及透過經銷商等（請見第 6 章）。

▶ **訂閱服務**：訂閱服務是銷售雜誌最可靠且最快拿到現金的方法，不過，有諸多細節需考量（請見第 100~101 頁）。

▶ **廣告刊登／廣編稿**：並非所有雜誌都能仰賴廣告業務為生，但只要處理得當，它會帶來豐渥收入（請見第 7 章）。

▶ **活動**：參與既有活動是促進銷售的重要方法，但你也可以自行舉辦。若你擁有龐大且熱情的閱眾，就能透過售票來獲得收入。

▶ **產品／商品**：如果你擁有定期掏錢購買的狂熱粉絲群，不妨發展一些產品（請見第 156 頁）。

自給自足與贊助

Boat

頻率：半年刊
創刊日：2011 年春季
印量：7,000 冊
定價：8 英鎊
全職員工人數：1 名

《Boat》處理資金的方式，是每一期單獨運作——先自籌每一版所需的製作資金，再透過廣告業務及雜誌銷售收回成本。創刊編輯艾琳·史班斯（Erin Spens）表示：「這麼做的風險比較高，並非每期雜誌都能收回成本。」《Boat》的編輯方針與廣告毫無瓜葛，是艾琳最得意的事：「我們可以自豪地說，讀者在《Boat》裡讀到的一切，全是我們親自發掘的故事，或是當地居民想說的話，絕不是某個品牌希望我們談論的事物。」如今《Boat》的印量已經從創刊時的 1,500 冊穩定成長至第八期的 7,000 冊。

Colors

頻率：半年刊
創刊日：1991 年
印量：20,000 冊
定價：13 歐元
全職員工人數：8~10 名

《Colors》創辦於 1990 年代初，創辦者為奧里維耶洛·托斯卡尼（Oliviero Toscani）和提柏·卡爾門（Tibor Kalman），打破傳統的編輯風格和設計，很快就成為指標。現任總編輯派翠克·沃特豪斯（Patrick Waterhouse）於 2011 走馬上任。《Colors》的基地位在義大利特雷維索（Treviso）Fabrica 傳播研究中心，由班尼頓集團（Benetton Group）提供資金。由於其資金來源，《Colors》的「獨立」身分有所爭議，但是，它確實保有獨立雜誌的自由度。沃特豪斯指出：「《Colors》有自己需要面對的議題，在配銷方面也會遇到跟獨立雜誌同樣的問題，只不過它得天獨厚地擁有贊助商支持，我們能夠在資助之下發揮獨立雜誌精神，是非常幸運的境遇。」

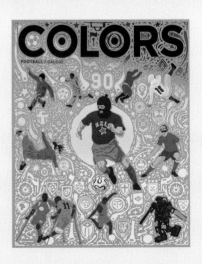

集資自助餐：有現金的地方就有我

Vestoj

頻率：年刊
創刊日：2009 年
印量：3,000 冊
定價：15 歐元

安雅‧愛倫努斯基‧克朗伯格（Anja Aronowsky Cronberg）原是《Acne Paper》的主編，為了化解在時尚出版業遭遇的挫折感，她動手打造自己的雜誌：「這本雜誌的內容非關時尚新聞，沒有廣告，也不要求協作者採用或提到任何特定的品牌……我們將其當作反映文化的鏡子，以及理解文化脈絡的工具。」於創刊之前，克朗伯格非常努力地集資，並獲得一家印刷裝訂廠兼紙廠的贊助。《Vestoj》是一本介於時尚學術及時尚產業之間的雜誌，克朗伯格透露：「我們現在是透過倫敦時尚學院（London College of Fashion）發行，所以我們的收入來源包含倫敦時尚學院提供的經費，以及我們銷售雜誌的營業額。」

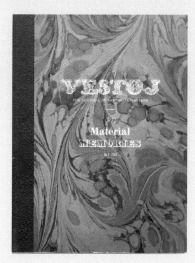

Teller

頻率：不定期
創刊日：2010 年
印量：1,000 冊
定價：7 英鎊

《Teller》的製作者凱瑟琳‧杭特（Katherine Hunt）和露比‧羅素（Ruby Russell）說明：「這是本充滿故事的雜誌，」包含小說、實地報導、照片故事、圖像藝術，「以及任何我們覺得能夠成為一篇美妙故事的事物。」她們自己籌得創刊號的資金，並利用 Kickstarter 為第二期進行群眾募資。當我們問到何為她們犯過的最大出版錯誤時，她們承認是把創刊號的價格定得太低，她們指出：「財務非常讓人頭疼，不過，我們擁有大家的支持與熱忱——顧客、書店、其他對獨立雜誌感興趣的人，以及有故事要說的人。」

財務計畫範例

有多少雜誌，幾乎就有多少種出版模式（請見第 2 章）。不過，標準範例仍有其參考價值，以下是一份逐期規劃的虛構財務計畫（以英國為例），以及相關叮嚀。

假設你計劃做半年刊，且是利用業餘時間來製作：
創刊號印量 2,000 冊，定價 10 英鎊。
其中 1,000 冊交給經銷商；980 冊線上銷售；剩下 20 冊為公關書。

成本（單位：英鎊）		收入（單位：英鎊）	
5,000	印刷、用紙、裝訂及運送，每冊共 2.50 英鎊，共 2,000 冊。	5,000	**第 1 個月** 首月在線上賣了 500 冊（運費由消費者負擔）。
1,000	設計費，而且是友情價。	3,400	**第 4 個月** 利用請印刷廠製作的假書（dummy）和設計師提供的 PDF 檔，與經銷商達成交易，經銷量為 1,000 冊。
0	自由撰稿人、攝影師及插畫家，友情相挺無價。		
0	從自家客廳桌上處理編輯工作，無需辦公室及員工等經常性費用。		根據合約條款，你會收到季銷售報告，以及售出冊數的 30 天票期對帳單。
40	寄出 20 冊公關書給媒體及其他位在英國和歐洲的聯絡人。		也就是說，大約在提供雜誌予經銷商的 4 個月後，你才會收到款項。
50	利用 WordPress 範本製作網站，並且支付 100 英鎊的年費（亦即每期 50 英鎊）。		你可以從經銷商那裡拆回定價四成的收入（每冊 4 英鎊）。
120	利用 Paypal 處理線上銷售，因此每個月需付給 Paypal 20 英鎊的手續費（一年共 240 英鎊，亦即每期 120 英鎊）。		於最初的 3 個月，經銷商鋪貨的零售商共賣出 850 冊，因此經銷商付你 3,400 英鎊。
500	於朋友的場地舉辦創刊活動。	4,800	**第 6 個月** 接下來 5 個月，剩下的 480 冊全數賣出。
6,710	**該期總成本**	**13,200**	**該期總收入（歷時 6 個月）**

該期淨收入 6,490

太棒了，只要再省一點，或是自己補貼少許，這份收入已經足夠讓你發行第二期。現在，讓我們看看右頁的「調整及修正小撇步」，好讓雜誌收入最大化！

本書中收錄的雜誌，有幾本資金來自於公眾團體和教育機構提供的補助金或獎學金。若你本身及你的雜誌與教育有關，或是能夠向英格蘭藝術委員會（Arts Council England）等團體提出有效申請，無論對於雜誌的資金或信譽都將大有助益。

棘手的現金流量

無力規劃現金流量可能導致嚴重後果，除非你天生就善於處理數字，或是有足夠時間慢慢自學，否則，當你請到好會計師時，一定會滿懷感激。

根據左頁的範例，你可能會認為創刊號的收入是 13,000 英鎊，但何時才能收到款項？網站上自行銷售的冊數，多久可以完銷？你和經銷商的協議為何；是否要等待四個月，甚至更久才拿得到錢？倘若自行配銷，即使每筆的金額都不高，你可能還是需要不斷叮嚀各個零售商付款，才能追到全部款項。還有，你與廣告主簽訂的付款條件又為何呢？

來自創刊號的收入可能需時數個月才得以全數入帳，期間你可能會有帳單要付。請確認在你必須支付印刷、用紙等第二期的費用之前，創刊號的收入會否進帳。否則，你將在發行第二期以前就出現虧損。假如你已經預見赤字，務必確保你與銀行或其他單位有約定透支額度或適當貸款。

學習如何製作簡易的損益表，或請會計師為你準備。損益表能夠助你掌握收支，從而看出期間內的財務概況。它會告訴你目前是否賺錢，並幫助你釐清哪裡需要調整花費。你可以從某些 app 和會計網站上取得損益表的範本，假如你對數字不在行，花錢找名好會計師絕對值得。

如左頁的財務計畫表，有助於你推算出合理定價。假如計算後發現，就算賣完雜誌也無法回本，勢必就要提高定價，或降低成本。

調整及修正小撇步

想增加利潤空間，並且逐漸成長，從下一期開始請這麼做：

▶ **增加線上銷售的冊數**：線上銷售利潤較高，而且比較快收到款項。請思考該怎麼促銷這一塊，不過，這也將增加你的工作量。

▶ **與經銷商討論**：哪些據點銷售一空，哪些據點沒賣完？是否有機會增進效率及收入？

▶ **嘗試銷售廣告頁面**：利用創刊號當作銷售工具。

▶ **減少成本**：尋求印刷廠及紙廠的贊助。

▶ **簡化產品**：跟設計師及印刷廠討論，看是否有較便宜的用紙或裝訂方式可以替代。不過，請謹守原則，品質一定要符合定價。

▶ **參與活動**：試著創造機會直接向讀者推銷雜誌。

1.

訪談
印刷廠商

馬克・許爾茲 Mark Shields

印刷廠商—— CPI Colour 及 Park
Communications

製作頂尖水準的紙本刊物時，與合適的印刷廠合作可能讓一切豁然開朗，尤其對獨立出版人而言，印刷廠絕對是成敗關鍵。來自倫敦印刷公司 CPI Colour 的馬克‧許爾茲（採訪時他仍任職於 Park Communications），在此為我們提供成就完美印刷品的訣竅和商業機密。

對獨立出版人而言，優良的印刷廠商扮演什麼角色？

好的印刷廠商能給出有建設性的意見，他們除了能達到客戶要求，還能指出其他效果類似而且更經濟的作法。Park 和 CPI Colour 就是這麼做，評估委託後，我們常會說：「這麼做當然可以，但還有更好的方法。」

你們有哪些獨立雜誌客戶？

《Riposte》、《Disegno》、《Disegno》、《Printed Pages》、《Protein》、《Wrap》、《Rosie Magazine》，和 YCN 的《You Can Now》等，大約有八到十本獨立雜誌，以及其他雜誌和文學作品。

你們和獨立雜誌界的關係是如何發生的？

透過推薦，我們主動與 It's Nice That 接洽，所以《Printed Pages》成了我們的客戶，那是一切的起點。它將我們帶入不同於以往的境地。跟《Printed Pages》的合作非常令人興奮，因為他們對雜誌的規劃很明確——固定預算，印量介在 5,000 冊到 8,000 冊之間；而我們則負責想辦法達成。

與印刷廠商擁有健全的關係很重要？

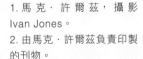

1. 馬克‧許爾茲，攝影 Ivan Jones。
2. 由馬克‧許爾茲負責印製的刊物。

我認為這是最重要的事之一。我們與《Printed Pages》的關係密切，也參與其舉辦於倫敦的 Here 研討會及 Nicer Tuesdays 活動。非常多想出版雜誌的人前來找我——他們的印量可能少至 100 本，也可能多達 25,000 冊。我們之所以能在雜誌界占有一席之地，除了因為我們擁有知識和實績之外，也因為《Printed Pages》的質感有目共睹，可以說，那本雜誌將我們帶進全新市場。

從零開始、幾乎完全不懂印刷的人，需要先掌握哪些關鍵？

假如是我，我會先列一張簡單的清單：書封有幾面、有無折口（flap）、前後都有折口嗎？內頁多少、想用怎麼樣的紙？塗布、非塗布或亮面？很薄嗎？手感如何？有紋路、柔軟，還是厚一點？光是這樣大致列出來，印刷廠就能有概念。若有其他參考樣本，例如你喜歡的雜誌等，印刷廠也能

2.

根據它們來估價。

用簡短清楚的方式列出條件如：「500 冊、書封共 4 面、內頁共 150 頁、整本全彩印刷、封面必須非常光亮，logo 要很顯眼、要用到幾種內文紙、方背還是騎馬釘」──這樣就有辦法開始估算費用了。

你可以解釋平版印刷（litho）和數位印刷的不同嗎？

對於頁數在 60 至 100 頁之間且低印量的刊物，數位印刷非常經濟實惠。一旦印量超過 25~50 冊，平版印刷就比較划算了。在你決定之前，最好兩種方式都評估看看，才知道價格的臨界點在哪。數位印刷的速度非常快，但能用的紙張與加工方式會受限，表現方式也可能比較不豐富。

3.

出版人交稿後，你們會進行哪些程序？

拿到印刷檔後，我們會進行預檢，以確認是否一切都沒有問題。我們會標出解析度不夠高的圖片，檢查出血，確保沒有遺漏的字型，確認跨頁有對齊，並且指出檔案中的其他問題。我們有時會希望收到工作檔（如 Adobe InDesign 檔），而不是 PDF 檔，因為這樣我們才能進行微調，進而使成品最佳化。

接下來，我們會寄雜誌的打樣給客戶，可能是 PDF 檔，也可能是實體打樣。PDF 檔只能從螢幕上確認，實體打樣則可能是塗布紙或非塗布紙的噴墨樣，視印刷機而定。在收到印刷檔的二十四小時左右，就能提供打樣，實際印製工作通常需要五到七個工作天，視印件規格而定，無論是印兩千份或五萬份的時間都一樣。

你們如何運作？印刷廠的關鍵人物有哪些？

我負責指揮協調，讓專案進行，我會為客戶指派一位專案主任，負責溝通聯絡。專案主任將安排管理各種客戶指定的項目，如油墨、用紙，以及任何特殊加工，譬如燙金、打凹凸、UV 上光。接著，製作組會將印刷工作安排給廠內三臺印刷機的其中一臺，並接續處理印後加工及其他所需程序。雜誌印製程序始於將印刷檔送進拼版室，並由一位操作員負責此工作。操作員會將各頁面拼至大版，使其在印刷並摺成書帖後能有正確的排序。而印刷檔若有任何問題，也將於這個階段揀出。操作員拼好版且做完最後檢查後，會將其送至打樣機，製作打樣供客戶校對。

客戶對打樣的回饋會由專案主任傳達，若有修改，修正後的頁面會以 PDF 的形式再次給客戶確認，確定無誤後，拼版室即會開始製作印

3. 置於 CPI Colour 書架上的印刷品，倫敦。
4. 由馬克・許爾茲負責印製的刊物。

版。印版完成後會被送至機械室，也就是進行印刷作業的地方。

　　負責印刷機的是一名印刷領機師傅及一名助理。根據頁數及印量，雜誌可能需要不只一班來完成。待印好的紙張完全乾燥後，會運用一至多臺摺紙機來摺疊內頁。書封則需要進行覆膜上光或其他印後加工。最後，整理好的內頁及書封會送進裝訂機裝訂，裝訂方式可能有騎馬釘、膠裝、PUR 膠裝或線裝。

雜誌人最容易犯哪些錯誤呢？如何避免？

　　凡事都要和印刷廠討論，最基本的事項要謹記，例如影像要留出血空間，並且將色彩模式設成 CMYK 等。可以用青色（cyan）來加強黑色的濃度，不過這類細節我們會主動提出。我會要求客戶在製作印刷檔的過程中，隨時寄檔案讓我檢查，這樣我才可以即時指出需要調整的地方，甚至是頁數錯誤等。我建議大家自己用印表機印出頁面並摺疊，做假書來檢驗，頁數必須是 8 或 16 的倍數。設計書本的時候，你會希望總頁數可以被 16 整除，因為多數印刷廠皆是設定一臺為 16 頁。若另有一臺 4 頁或 8 頁的需求，不僅費用較高，還會浪費許多紙。此外，印刷廠不一定隨時做好印製一臺 4 頁或 8 頁的準備，所以他們還得為了你重新設定摺紙機，也可能因此額外收費。

有沒有哪些較具經濟效益的尺寸和格式是大家應該熟記的？

　　採用 A 版（A-format）的尺寸最佳，略大或略小也可以。請和你的印刷廠討論，因為說不定他們有稍微大一些或小一點的特定尺寸更能充分利用紙張，讓你能從一張全幅紙中印出最多頁，且浪費最少紙。

你是否觀察到大家做雜誌的方式有所改變？

　　改變非常大。如今雜誌人投注的創造力更多，不只是做出一本書封加 80 頁內頁的雜誌那麼單純的事……在我們經手的雜誌中，有些會加入特別元素，讓讀者有額外收穫。

　　許多人也喜歡在內頁混用不同的紙、不同的印後加工，以及窄頁，還可能有多達 8 或 6 面的書封，五花八門。現在非常流行混搭紙張，額外插入不同大小的書帖也頗為常見，例如在 A4 尺寸的雜誌中，插入 A5 或是寬度較窄的書帖。高亮度的塗布紙又重新流行起來了，搭配上油（varnish）加工，有紋理的封面用紙也很熱門。

4.

　　有實際構想後，你可以選用不同的方法來達成目標。未必需要砸大錢去購買稀有材料，總是會有各種替代方案來為成品的質感及視覺效果加分。

09

正式發行

開始印製

找到閱眾並與其建
立關係

宣傳雜誌

找尋進入市場的康莊大道

是時候把勞心勞力的成果化為實體了——印刷裝訂，與讀者建立關係，你開始在一連串手忙腳亂中找到工作節奏。創刊號值得花時間使其盡善盡美，但是，請避免沒完沒了的調整和無意義的擺弄。時機一到，你就必須大膽向世界展示。

《Anorak》的凱西·歐米迪亞斯回想道：「我最後放手一搏，沒想太多，創刊號就發行了。然後，我寄出一篇非常誇大其辭的新聞稿，結果 H&M 看到了，Borders 也看到了。我因為那篇新聞稿而開始進入軌道—— H&M 從創刊號就開始資助它，簡直不可思議，Borders 也下了訂單，發行雜誌從此不再只是夢想。」

本章將說明雜誌常見的印刷流程及如何宣傳創刊號。記得，創刊號發行後，就必須立即面對第二期的製作，追趕交期的壓力將會常伴左右。以季刊為例，你可能花了不只整整一年的時間去精雕細琢創刊號，但在此之後，對於煞費苦心得來的讀者，你只剩三個月的時間去回應他們的期待。

開始印製

1.

剛踏入獨立出版界的時候，不論是印刷上的專業術語或流程，對你而言可能都非常陌生且嚇人；此時，親切且熱於助人的印刷廠可以帶你上天堂。《Offscreen》以澳洲為據點，然而發行人凱·布拉禾竟是在其家鄉德國印製雜誌，因為德國的印刷費用較低，寄送至全球的運費也較便宜。談起合作的印刷廠，他說：「於初次送印時，他們牽起我的手，一步步引導我走過整個流程。」

尋找印刷廠時，不妨多方詢問，同時觀察其他獨立雜誌都與哪些印刷廠配合。請當面與可能的印刷廠洽談——相處融洽且了解產品的印刷廠，對雜誌人來說實在太重要了。

雜誌的品質與受歡迎程度絕對成正比，對許多藝術總監和發行人而言，這代表一定要找到願意為了精確度、正確度及特殊加工多花氣力，並且了解其重要性的印刷廠。《The Gentlewoman》的維洛妮卡·第廷表示：「每次印封面，我們都會到現場監督。我們不採用現成的 Pantone 色……所有的細節直到最後一刻都不將就。」

找到想合作的幾家印刷廠後，請具體說明需求，並且請他們報價。

1. *Offscreen*, issue 9；印刷中。

給印刷廠的基本規格說明包括：

開本：雜誌的尺寸。印刷廠會建議最具經濟效益、讓紙張使用率最高的尺寸。

頁數：若能用一臺 16 頁的書帖組合而成，經濟效益最高，不過也可以額外增添總共 8 頁或 4 頁的書帖。

書封規格：書封要印刷的部分通常包含封面、封面裡、封底裡及封底，也就是總共 4 頁。若內頁有 112 頁，書封有 4 頁，常用的寫法是：「112 頁 +4」。

用紙的種類及重量：可以指定特殊用紙，或指明要塗布紙還是非塗布紙。紙張的重量單位是「P」（磅）或 gsm，意指 1 令紙的重量，1 令紙即為 500 張全開的紙。可以向紙廠要紙樣來參考，也可以請教印刷廠的建議。

印後加工：包含燙金、打凹凸、上光或特殊色等。

裝訂方式：如膠裝、PUR 膠裝、騎馬釘、線裝或硬殼精裝等。

數量：需印製的總冊數。

交貨：指定送貨地點及各地點所需的數量。可能包含自行派發，以及送往經銷商和物流中心的雜誌。

2. *Riposte*, issue 4, 2015；內夾窄頁書帖的跨頁。

印前確認清單

以下實用確認清單是由 CPI Colour 的馬克・許爾茲所提供，有助於在送印之前避開常見的錯誤。

✔ 裁切線設定是否正確。

✔ 裁切線外應至少保留有 3mm 出血。

✔ CMYK 值換算正確。

✔ 任何特殊色都必須設定正確。

✔ 為了達到最佳顯色效果，解析度應設定為 300 dpi。

✔ 向印刷廠確認你該如何提供各頁面的印刷檔。有的印刷廠喜歡一頁一個檔。

找出特色：嚴謹的封面理念

The Gentlewoman

頻率：半年刊
創刊日：2010 年
地點：英國倫敦
定價：6 英鎊
封面副標：「不同凡響的女性雜誌」

《The Gentlewoman》的讀者們每年都會期待兩次：誰會是新一期的封面人物？封面人物是《The Gentlewoman》的強大武器，不僅創造期待，也更突顯其有別於其他女性時尚雜誌的獨特視覺風格和編輯態度。《The Gentlewoman》每次出刊都彷彿是一場盛典，讀者俱樂部也會舉辦活動來慶祝。這本雜誌自創刊後就持續穩定成長，從份量（從 178 頁成長為 296 頁）和印量（從創刊號 72,000 冊到第 10 期 89,000 冊）皆是。

Put A Egg on It

頻率：半年刊
創刊日：2008 年
地點：美國紐約
定價：7 美元
封面副標：「美味小誌！」

美食雜誌《Put A Egg on It》的刊名也很美味，而且朗朗上口。製作者莎拉‧克亞芙和拉爾夫‧麥金尼斯（Ralph McGinnis）說道：「Put a egg on it（在上面加個蛋）是我們常說的一句話。每次我們去餐廳用餐，若沒吃完，我們就打包回家，然後加個蛋！」這兩位創辦人同時也是 Little Magazine Coalition（雜誌小聯盟，簡稱 LMC）的領隊；LMC 是當地獨立出版人成立的互助網，除了聚在一起分享經驗和忠告之外，該團體也志在改善獨立雜誌的財務或運籌問題，譬如向印刷廠爭取團體折扣等等。

3.

3. 英國插畫代理商 Handsome
Frank 的 報 紙 型 雜 誌 *Frank*，
由 Newspaper Club 印製。
4.2015 年 IndieCon 展覽的視
覺識別。
5. 2015 年由獨立出版人策畫
的 IndieCon 展覽中，正在閱
讀刊物的 IndieCon 代表。

決定印量

　　創刊號應該印多少份？這個問題可能令人傷透腦筋。
儘管全數售罄是件好事，但是，你也不會想低估自己的潛
力。

　　若因為經費關係，一開始印量少也沒關係。善用
Newspaper Club 等隨訂隨印的服務，製作質樸的報型版本
來寄送給關鍵人物，並透過網路，在部落格邊欄銷售，就
能在控制成本的情況下，達到宣傳並吸引讀者的效果。

　　《Cereal》雜誌最初的規模很小，發行於 2012 年 12
月的創刊號只印了 1,500 份，不過，到了 2014 年 12 月，
該雜誌已成長到全球銷量達 25,000 冊的盛況。其創辦人
之一蘿莎・帕克解釋：「我們列了一份長長的名單，列滿
全球我們想要鋪貨的據點，然後開始打電話給他們。結
果，我們在第一個月就賣光 1,500 冊，所以我又再加印了
1,500 冊。」

　　向經銷商和重要零售商諮詢，也有
助於決定初始印量。請將創刊號的出刊
當作試航，用以測試市場反應，並根據
回饋數據來規劃下一期雜誌。

「不要想太多，盡快把想法化為行動，
並觀察事情如何發展。」

《Acid》歐莉費耶・塔爾伯

宣傳與社群

每次出刊，請以盡快賣出最多雜誌為目標，因為在社群媒體和新聞媒體所能引起的騷動，會隨著出刊愈久而沉寂。凱·布拉禾在發行《Offscreen》的每一期，都會在首週賣出 4,000 冊總印量中的 500 到 1,000 冊。

運用任何手邊工具來宣傳新出刊的雜誌，社群媒體能夠為線上商店帶來流量，不過，INT Works 和《Printed Pages》的威爾·哈德森堅信，沒有任何手段的效果能勝過電子報。他解釋：「無論社群媒體的威力有多大，電子報都是促使我們銷量大增的最大功臣。能夠在 Twitter 或 Facebook 發表文章的確很酷，然而，一打開信箱，就接收到直接附有購賣按扭的信件，是消費者最容易出手的時刻。」

更多關於社群媒體的資訊請見第 81 頁。

有計畫地一步步建立讀者群，且致力於每隔幾期就增加印量。獨立出版人很難用數量來取勝，所以更應該有針對性地宣傳，讓每一份送出去的雜誌、每一篇新聞報導，都能發揮其功效。於所在產業及相關的新聞界及獨立雜誌界結交朋友，參加活動及展覽，並且設法於活動和大型研討會中進行演講。去參加比賽、去自吹自播，每次出刊都發新聞稿，並為個別媒體量身打造不同的新聞稿，以突顯雜誌內容中特別吸引該家媒體的面向。

請見第 158~161 頁附錄所列社群、活動及獎項等資訊。

《Boat》的艾琳·史班斯表示：「社群很重要。從集思廣益，到推薦貨運公司，或是如何讓某樣東西得以通過海關，乃至宣傳創刊派對，社群皆扮演舉足輕重的角色。當身旁有許多一同努力的同業，你會受到鼓舞，並相信自己可以不必屈服於廣告主而活下去。」

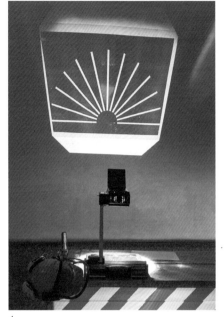

4.

5.

1.

訪談
創新者

彼得・比拉克 Peter Bil'ak
《Works That Work》創辦人兼主編

由荷蘭設計師彼得‧比拉克打造的《Works That Work》，成了一場獨立出版模式的改造實驗。比拉克將他的設計師魂充分發揮在製作過程中的每個細節，從格式、廣告業務到配銷方式，一路發明多種革命性的系統。於本次訪談中，他將深入說明這些，並提供具啟發性且實用的想法。

你是否藉由《Works That Work》重新設計了獨立出版模式呢？

我不喜歡說我們是「獨立」雜誌，因為我們是依靠讀者的支持才得以生存。我寧可說我們是「非獨立」雜誌。

做雜誌時，如果將目光移向無形的東西，出版會變得有趣。大家總是談論著版面配置，文筆和攝影水準，卻很少去檢視是什麼成就了這些東西。《Works That Work》著眼於雜誌經營無形的部分，從財務規劃到配銷、製作等，所有在幕後進行的事項都是這本雜誌的題材。

如今，人們總愛看餐廳如何運作、廚師怎麼料理、運動員如何受訓，同樣的道理，我們把雜誌表面下的另一面向揭露出來時，大家都很開心能參與進來。

你總是開誠布公《Works That Work》的營運，這是否是你的原則？

我們這麼做是為了讀者。這也是一切的起點，我們的運作方式看起來沒什麼特別，但與傳統雜誌比較起來，其實很瘋狂。多數雜誌都不是為了讀者而生，而是為了廣告主。它們真正收入來自於廣告業務，而非訂閱服務。對於大部分的雜誌來說，廣告占 54% 的頁面是業界標準，而財務上，廣告業務貢獻的收入高達 90~98%，所以讀者貢獻的比例真的非常低。也因為如此，那些雜誌需回報的對象就不會是讀者，而是廣告主。讀者基本上就成了廣告主的附加價值。

若反過來，為讀者打造一本雜誌，所有事情會徹底不同……最明顯的環節是配銷，因為既有的配銷模式是繞著為廣告主訂做的雜誌打轉。未售出的雜誌會被銷毀，因為它們的內容不具價值、無法轉賣。我們必須重新思考如何處理配銷業務。

仰賴廣告業務為生的雜誌出版模式，已存在兩世紀之久，可說是非常成功。長久以來被大家視為理所當然的事，值得細細探討。傳統模式對有些雜誌可行，有些則否，是時候該研究替代方案了。

1. 彼得‧比拉克，攝影 Ivan Jones。

2.

你透過《Works That Work》首創了「社群分銷」制度，讓讀者以定價的50%購入雜誌，再轉售給零售商或個人。你認為成功嗎？

成功。剛開始，社群分銷只是個提案，幾乎無從預料它會如何發展。由於和傳統經銷商合作不太可行，所以，我們顯然必須想個方法處理配銷問題。線上銷售是很不錯的方法，可以拿到完整的收入，然而，它有所限制，讀者會只局限於已經知道這本雜誌的那群人，很難觸及更廣大的群眾。

我們的雜誌對象是大眾，是為了非設計師量身訂做的設計雜誌，但多數造訪我們網站的都是設計師；他們最具忠誠度。我們對他們的朋友也感興趣，希望能夠觸及愈多喜歡設計領域的人愈好，但實在很難辦到。社群分銷制度正是為了跨出設計師圈所做的嘗試。

我們的編輯方向，是使文章淺顯易懂好吸收。各行各業的人都可能感興趣，而我們也不斷重申，這本雜誌不是為了特定族群所打造。社群分銷在財務上或許不是利潤最豐厚的方式，但的確拓展了我們的讀者群。大家喜歡這個制度，因為它符合這本雜誌的精神──讓大家參與一本雜誌的運作。藉由談論這個理念，群眾會了解為什麼這本雜誌要以社群分銷的方式銷售。

獲得參與感是人們喜愛雜誌的原因。社群分銷制度之所以能奏效，是否正是因為它善用了這一點，並將其帶入全新層次？

完全正確，它運作得比我預期的更好。藉由此嶄新的配銷方式，我們得以將雜誌銷售至南美洲、印度、俄羅斯，以及遙遠的亞洲。若非社群分銷，我們永遠不可能觸及那些市場。

我的上一本雜誌《Dot Dot Dot》，從未能賣到黎巴嫩或杜拜，或者聖地牙哥，但現在，轉眼之間，我們受到這些地方的歡迎。大家因為社群分銷制度而得以閱讀《Works That Work》，而且希望能持續讀到。所以，透過讀者的幫忙，我們更常在那些地方舉辦活動，並且建立社群。

你是怎麼想出這個銷售模式的？

這個靈感來得很簡單。我經常獨自旅行，而我發現，若行程僅有兩天，我應該會帶非常小的隨身行李箱，與托運行李的重量上限差很多。我當時想，說不定有人也跟我一樣，帶著還有多餘空間的行李箱遊走各地。銷售雜誌，運費是很大的開銷，寄送一小疊雜誌去美國的運費等同雜誌本身，那會導致價格翻倍，進口雜誌因此經常昂貴到沒天理。而社群分銷透過人們自願分享其行李空間，節省了運費，成本自然而然就降低了。而且，大家完全

2. *Works That Work*, issue 1, Winter 2013
3. *Works That Work*, issue 4, 2014；關於南蘇丹州徽的文章。

是自發性且無酬服務，單純想幫忙。現在，我們的網站上提供行程規畫的功能，群眾自己就可以計畫如何在旅行的同時攜帶雜誌去銷售。

《Works That Work》是否收支平衡且自給自足？

它收支平衡，但還未成熟。我們目前共發行了三期，才歷經一年半的時間。根據過往經驗，我明白現在下結論還太早，未來的事很難說。不過，下一期我們會印稍微多一點，增加印量和增加銷量代表我們可以支薪予所有協作者和合作者。我們希望每個人都能拿到酬勞，最後才是我的獲利，不過，目前還沒進展到這裡。若我的付出能有收穫會很開心，但我不著急，因為還有設計工作室的收入，我付出一半時間在那裡。然而，我最終還是希望《Works That Work》能發展出一個模型，令所有人都拿到應得的報酬，使雜誌自給自足。

BRANDING THE WORLD'S NEWEST COUNTRY

Top: Declaring his identity as a citizen of a new nation, a man celebrates the birth of South Sudan with its flag painted on his face. Photo: Paul Banks, United Nations

Right: South Sudanese children rehearse a dance routine to be performed at half-time during South Sudan's national football team's match with Kenya as part of the Independence Day celebrations. Photo: Paul Banks, United Nations

South Sudan's Independence Day was set for only six months after the referendum that established the new country's independence from Sudan. In that short time state symbols had to be proposed, refined, adopted and promulgated to a country still torn by internal conflict.

3.

Kwikpoint guides enable basic communication between US troops and locals in Afghanistan and Iraq. Each one requires careful research to determine what things may need to be said, and how to communicate them across barriers of language and culture.

The Afghans were not offended by the cartoonish depictions of bomb detonations, hidden Improvised Explosive Devices (IEDs), or hostage situations. No, the illustration choice that they rejected was the flesh-toned skin of the medical diagram's human form. 'It was considered pornographic,' says Alan Stillman, founder and CEO of the visual communications company Kwikpoint. 'People wouldn't use it and didn't like it because they're so religious there.'

At first glance, the androgynous medical illustration, along with miniaturised drawings of IEDs, turban-topped bomb-makers, and soldiers alternately inquisitive and distressed, could be mistaken for yet another piece of dark comedic satire à la *South Park* or *Family Guy*. But these cartoons are not cynicism-wracked bits of entertainment. Rather, they constitute unique graphic tools available to US armed forces on the battlefield: Kwikpoint's Visual Language Translators.

Approximately the size and shape of a foldout road map, the guide's laminated panels contain a series of thematically grouped pictograms enabling communication between soldiers and 'native locals'. Need medical attention? Point to an ambulance. Need to know where the guns are stashed? Point to the picture of a weapons cache. The icons symbolise everything from modes of transportation (car, van, bus, bicycle, camel, etc.) to complex concepts relating to transactions and health (I'll reward you for telling me where to find a downed helicopter; show me where it hurts), all at the tip of a soldier's finger.

The Kwikpoint guides occupy a strange space in the world of 2D images, not quite infographics but certainly more than mere illustration. Visual Communications Director Stephanie Stierhoff says that working on the pictograms is not dissimilar to working on the icons and logos she designed during a stint on Madison Avenue. Both require simple forms and distinguishing features. Both are distillations of a larger idea. Both aim to achieve immediate viewer recognition. And yet, as she says, making the guides is different from making any other kind of product.

'This affects people directly,' Stierhoff tells me. 'When people go out in the field, they're using our guides for very critical ideas, whether it be a user guide to put on a ballistic vest correctly or communicating ideas to a local in Afghanistan. If we don't do our research, and don't convey these ideas precisely, as precisely as we can possibly do it, it could really have an effect on that person.'

Hence the research. And the necessity to address the pornographic implications of their flesh-coloured medical image. After a bit more experimentation, the Kwikpoint design team changed the flesh colour to a cyanotic robin's-egg blue, transforming a pornographic human figure into an abstract one. 'People look at it and kind of laugh and go, "Well, are you looking for aliens?" or "Do they have blue people there?"' relates Kwikpoint's founder Alan Stillman. He continues, 'And we say, no, this is just a cultural adjustment we have to make.'

Stillman, a maths whizz who got into Cornell's mathematics programme at the age of 16, didn't begin his career with the dream of creating military translators and IED identification guides. Rather, the idea was sown along a 15,000-mile international bike journey he took in the late 1980s. Outside Hungary, Stillman and a friend clipped pictures out of magazines to illustrate a few basic needs, the idea being that if all else failed, they could implore someone for help by pointing to what they wanted.

After Stillman returned to the States in 1988, the idea of making a picture-dictionary continued to pull at his thoughts. The concept was simple yet effective: a collection of pictograms that could be pointed at to communicate the things a traveller might need. Finally, in 1989, after fail-

Barbara Eldredge, who writes on design from New York, interviewed a number of US war veterans about their experience with the visual translator guides.

POINT ME WHERE IT HURTS

Top: Around five million of Kwikpoint's guides and cards have been issued to military personnel. The laminated, pocket-sized pamphlets are handier and more durable than conventional printed dictionaries and manuals. Above, a US soldier in Afghanistan communicates with a local elder using one of the Kwikpoint Visual Language Translators. Photo courtesy of Kwikpoint.

4.

你的客製訂閱軟體如何運作？

　　我自己有訂閱一些雜誌，也親身經歷了一些詭異的事件——錢付了，但雜誌卻失控了。我認為，訂閱應該可以根據自己的意願在任何時間點開始或結束。若我不想再收到雜誌，我應該要有途徑表達想法。於是我做了簡單的市調，大多數的人都同意這個看法，所以，我們的訂閱服務讓讀者能夠在任意時間啟用或結束，隨時可暫停。這點必須要借助我們創建的客製付款系統才辦得到……每當我們推出新的一期，就會從訂閱者的信用卡扣款，然後寄出雜誌，而不是去控制每筆訂閱的到期日。讀者只需寄一封 e-mail 或登入網站設定，就能輕鬆開始或終止訂閱。而這也是我心目中購買訂閱服務的理想方式。

你開發的訂閱軟體，是否能供其他獨立出版人使用？

　　這是我最初的構想，因為我很習慣打造合適工具。我的本業是字體設計和建立字型；雖然字型是最終產品，但我也經常製作建立字型用的工具。例如，我們利用特別軟體去建立阿拉伯字型，因為麥金塔電腦中沒有內建。我們也授權這些工具，以回收開發成本。

CHUNGKING
MANSIONS
—
THE WORLD
INSIDE
THE
BUILDING

One building in Hong Kong houses a diverse international community that has a major impact on trade all over Africa and Asia.

5.

6.

這套訂閱系統原本的想法確實是要授權給其他雜誌出版者，然而，一旦這麼計畫，工程就變得有點大。因為每家雜誌的工作流程大相逕庭，付款機制各有不同，或是他們國家不允許定期扣款等，於是，我打消了念頭，改而只做出適合自己使用的系統。若要做出一款通用軟體，必需成立專案項目，至少投入一年開發，雖然我很想要分享，但後來發現沒那麼容易，也沒有時間投資。

創刊號是借助群眾募資發行的。不過，有別於採用 Kickstarter 或其他平臺，我們建立了自己專屬的群眾募資平臺。那是場賭注，我們得先解決付款平臺的問題才能繼續經營雜誌，那樣的起步所費不貲，我不確定是否該推薦給同業們。

對於蓄勢待發的雜誌人，你認為他們應該思考何事？

製作雜誌的動機應清楚明確，而且應該始終如一，並時時要回頭檢視：「這期雜誌是否符合核心精神？」

請讓做雜誌變成一件非常私人的事，我之所以做《Works That Work》，是因為我在製作過程中學會了許多東西，它不斷帶給我新知與啟發。

你從獨立出版學到最重要的事是什麼？

比起保持、維護和經營一本雜誌，創刊算是容易的部分。我曾經知道這件事，但一度忘了，現在又再度想起。我認為，將所有精力投注於創刊是常見的錯誤，而創刊號通常都會表現得不錯，因為每個人都喜歡新東西。

但我會說，第二期才是最重要的，你必須透過它來鞏固價值，向大眾證明，你不僅能保持水準，還能持續進步。

4. *Works That Work*, issue 1, Winter 2013；關於 Kwikpoint 公司圖像式溝通工具的文章。

5. *Works That Work*, issue 4, 2014；關於挪威全球種子庫（Global Seed Vault）的文章，攝影 Cary Fowler。

6. *Works That Work*, issue 2, 2013；關於香港重慶大廈的文章，攝影 Paul Hilton。

10

成長

從業餘兼職變身
正職事業

涉足新領域

現況與里程碑

羽翼未豐的雜誌該如何從求生存到展翅高飛

新創刊的雜誌，能在最初的一、兩年達到足夠銷量，逐漸拓展讀者群，並妥善管理現金流量，使每期雜誌都能賺到足以支付下期雜誌的費用，已經算是有所成就了。而當開始有利潤，也是你需要做幾個決定的時候。你可以將利潤全數投資在創作內容上；又或許你想拓展宏圖——運用資金去增加印量，寄出大量公關書給潛在廣告主，舉辦活動以促銷雜誌及開發新的收入來源，甚至是投資辦公室空間或更好的設備；或者，你可能想要保留部分利潤慰勞自己的辛勞，讓自己好好放個假，彌補自己所投注的大量時間及努力。

假如你的雜誌不僅安然度過兩年，還得以自給自足，請給自己掌聲鼓勵。這表示你已建立名聲，雜誌內容受到矚目，設計也發揮水準，讀者和相關產業都很關注，而且願意掏錢購買；現在，你該如何將這一切推上更高層次，達到永續經營的目標？

「我們的雜誌大獲好評，內容也一期比一期精彩。現在我們有了份量，問題是，該怎麼做才能長長久久？」

《Boat》艾琳·史班斯

不斷進化文編水準

你的成功會引來仿效，請努力保持領先。在獨立出版界，你的讀者可能很小眾，這代表了市場非常有限，很多雜誌等著瓜分你的讀者和廣告主，你必須一直跑在前面，才能甩開他們。

不妨從持續製作出眾的文稿開始——內容有時可以出乎讀者意料，但千萬別辜負他們的期望。《Delayed Gratification》的馬修·李表示：「我們致力於增進報導、攝影及設計的品質。我們是全球首創的慢新聞雜誌，自創刊起，就有許多其他紙本和線上刊物跟進，我們專注於深入的長篇報導，以幫助讀者了解新聞事件所造成的後續影響，並藉此確保自己在最前線的地位。」

只要保持信念，並且忠於原先造就你成功的願景，就能夠有自信地進化。《The Gentlewoman》的藝術總監維洛妮卡·第廷回想道：「你必須做到第三期，才會真正知道自己在做什麼。我們做第三期雜誌時，才看出它視覺上的調性，因此更換印刷用紙，設計上也不像前兩期那麼死板。我們終於比較有定見。」

擴大配銷範圍

若一開始，你是自行鋪貨，經過幾年來緩慢而穩定的成長，理想上，銷量可能已經達到無法自行處理配銷工作的程度。該是尋求經銷服務的時候了。

假如你已是以直接銷售搭配專業經銷的方式進行，那麼，應該到了開拓新市場的階段——你是否能嗅出哪裡有待開發的大量讀者？針對線上讀者進行分析，可以得到可靠的參考指標。《Cereal》的蘿莎・帕克說：「我們即將開始在北美洲印製及鋪貨，藉此搞定那裡的零售價格。我相信我們能大幅增進在當地的能見度，只不過得先處理好售價。從英國到美國的運費太貴，使售價居高不下。」

如果你配合的經銷商是專攻小眾市場，待業績成長到一定程度，你可以考慮換成商業經銷商。《Cereal》在兩年內成長迅速——從 1,500 冊增至 25,000 冊——因此，配銷至更商業化的市場，能夠享有較佳的待遇。現在，在全球數家航空公司的機場頭等艙貴賓室，以及書店和書報攤，都能看見《Cereal》的身影。

2014 年，帕克福至心靈，認為是開始與 WHSmith Travel 合作的好時機。他們的銷售據點包含各大機場及火車站。她說：「進入 WHSmith 是我想做的最後一步，因為那是非常大眾的市場。我認為，獨立雜誌的優勢不在於銷量而讀者類型，因此，有所成長是好事，成長過快則不然，絕不能為了快速打入市場而疏遠特定零售商或讀者群。我們非常堅持以自己感到自在的步調成長，然而此同時，也會隨著時間慢慢接觸到更廣大的閱眾。」

「做雜誌的腳步是奔騰不息的，你必須持續成長，不能停滯不前，得時時思考下一步，把最大的樂趣帶給讀者。」

《Cereal》蘿莎・帕克

孜孜不怠：發明求生存

Makeshift

頻率：季刊
創刊日：2011 年 9 月
地點：虛擬
印量：4,000 冊
定價：15 美元

《Makeshift》的幕後推手深知創新對於雜誌的生存至關重要。其創刊理事（founding director）史蒂夫・丹尼爾司（Steve Daniels）說明：「我們持續拓展讀者群，也不斷試驗新的收入來源。我們採用了許多來自『成長駭客運動』（growth-hacking movement）的作法——同時發展多條新的線，並使我們網站的銷售漏斗（sales funnel）最佳化。最讓我們興奮的，就是我們即將以『Makeshift 協會』（Makeshift Institute）計畫的名義，舉辦一系列設計研究工作坊。」這本雜誌採用創新的員工交流網模式（staff networking model），並在讀者將其分享至社群媒體時，提供訂閱獎勵。如同這本雜誌所言：「獨創性無所不在。」

Cereal

頻率：半年刊（原為季刊）
創刊日：2012 年 12 月
地點：巴斯（Bath）
印量：25,000 冊
定價：10 英鎊

《Cereal》不僅是雜誌中的優秀榜樣，若要舉出一個從未裹足不前的編輯團隊，他們同樣是最佳範例。其創作者蘿莎・帕克和瑞奇・斯坦布萊頓擁有非常明確而獨特的筆調及視覺風格，此特性不只套用在雜誌本身，也體現在其他增進收入的方法，從提供廣告設計服務、聯名產品、快閃店、工作坊到旅遊指南，應有盡有。於撰寫本書時，他們也正在籌劃一本新的文學類雜誌，以及位於英國巴斯的常設店，那是《Cereal》的家鄉。對於雜誌的配銷，帕克極為積極主動，也因此造就了《Cereal》驚人的成長——創刊兩年內就從 1,500 冊增至 25,000 冊。

多角經營

　　當你已經絞盡腦汁，讓雜誌開花結果，不妨放任自己胡思亂想一下，開始拓展事業。與雜誌相得益彰的活動、新產品和新刊物，不僅能為你增加收入來源，還可以助事業歷久不衰並帶來利潤。

　　也可以將你的編輯力往更多元的方向發展，例如以創意代理商的身分提供服務，或是開店和其他副業。只要忠於自己擅長的領域，並且了解自己的讀者群，市場就會支持你。《Wrap》即是很棒的例子──這本插畫雜誌一開始就建立了名聲，擁有多位優秀的協作者，而後他們將這些資源轉化成商店，銷售自家產品，以及創作者、插畫家等雜誌協作者的作品。

　　對部分獨立雜誌來說，多角經營不只是為了成長，也是為了生存。INT Works 和《Printed Pages》的威爾·哈德森，向我們解釋他如何透過模組化方式建構事業的新面向：「我愈來愈覺得，假如只做雜誌，《Printed Pages》不可能活到現在。如今我們需要同時進行多件事。若是大型出版商，就算偶爾出現幾期糟糕的內容，整體而言只要平均表現還好，讀者不會太介意。但對獨立雜誌而言，我們一步都不能走錯。我們有網站、有網站帶來的銷量，還舉辦活動和一些特別專案，因此雜誌本身的銷售壓力就減輕了。」

1.

2.

評估現況

你為了雜誌辛勤付出了一年，現在請退後一步，暫時從混亂中抽身，好好檢視自己的表現。除了考慮將雜誌推往更多地方，此刻也是去蕪存菁的好時機——花點時間，仔細評估什麼值得留下，什麼該捨棄。你可能需要根據評估結果，做些艱難的改變。

回想出版《Anorak》的頭五年時，凱西·歐米迪亞斯說：「我當時認為，雜誌已經表現不錯且可以收支平衡，從未過度操心。但兩年前，我嘗試將其轉變成真正的全職事業。那時我需面對的難題，是必須從創意層面挪一些空間出來給商業操作，我整天追著商店和品牌跑，拿下廣告業務，還聘了位廣告業務人員……我不得不放棄工作室，還得找到最物美價廉的印刷廠。有時候，這麼做等於是切斷歷時四、五年的合作關係，真的非常心痛，但最後結果是好的。」

慶祝里程碑

對獨立雜誌而言，能生存已是莫大成就，所以，請好好肯定自己，自我犒賞一番吧。所謂的成就，可以是跨出微不足道卻又意義重大的一步，譬如夢寐以求但遙不可及的零售商終於願意跟你合作，或是請了打掃阿姨，終於不用自己掃廁所。《Port》的庫卡·史瓦菈提到：「我們在辦公室外掛了面刻著『Port Publishing』的不鏽鋼招牌，它代表恆常性，鼓舞我們至少要再撐過四期雜誌，經營一年。當時，我們連自己能不能撐過一週都不知道，更遑論四期了。」

3.

4.

1. *Wrap* 擁有線上商店，用以銷售雜誌中報導之插畫家的產品，包含其最有名的包裝紙系列。
2. *Cereal* 的線上商店包含與嚴選品牌合作的特製聯名產品。
3. *Anorak* 的雜誌訂閱促銷。
4. *Anorak* 的假日優惠組，內含勞作遊戲書。

參考資料

實用名錄／專有名詞／名詞索引

供獨立出版人參考的
國際零售商、經銷
商、印刷廠、活動、
社會團體、獎項、網
站、書籍和其他資源

實用名錄

以下是英國出版團隊精選出的實用參考資源，能助雜誌人找到生意夥伴，此外，還有許多國際活動及社會團體，能讓你活躍於獨立雜誌社群。或許這個名冊不夠全面，具有地域性，但可以在你實現計畫和構想時提供藍圖。

經銷商

本書提及之獨立雜誌所使用的經銷商。

全球性
Central Books
英國倫敦

COMAG Specialist
英國倫敦

Dawson Media
英國（鋪貨至航空公司及鐵路公司）

Export Press
法國巴黎

Worldwide Magazine Distribution
英國伯明罕

英國及歐洲
Antenne
英國倫敦

EM News
愛爾蘭伯發斯特（Belfast）及北愛爾蘭都柏林（Dublin）

MMS
英國倫敦

Motto
德國柏林

Revolver Publisher
德國

RA & Olly
英國倫敦

北美洲
New Distribution House
美國紐約及加拿大蒙特婁（Montreal）

Ubiquity
美國紐約

大洋洲
Mag Nation
澳洲墨爾本及紐西蘭奧克蘭

Perimeter
澳洲墨爾本

線上
Bruil & van de Staaij
bruil.info

Magpile
magpile.com

Newsstand
newsstand.co.uk

獨立零售商

經手獨立雜誌的部分國際性零售商。

英國及歐洲
Artwords
artwords.co.uk

Athenaeum Boekhandel
athenaeum.nl

Banner Repeater
bannerrepeater.org

Castor & Pollux
store.castorandpollux.co.uk

Coffee Table Mags
coffeetablemags.myshopify.com

Colours May Vary
colours-may-vary.com

Correspondances
correspondances-shop.ch

do you read me?!
doyoureadme.de

Donlon Books
donlonbooks.com

Foyles
foyles.co.uk

Gudberg Nerger

gudbergnerger.com

Hordaland Kunstsenter

kunstsenter.no

Ideas On Paper

ideasonpapernottingham.co.uk

International Magazine Store

imstijdschriften.be

KK Outlet

kkoutlet.com

Koenig Books

buchhandlung-walther-koenig.de

Kunstgriff

kunstgriff.ch

Lorem (not Ipsum)

loremnotipsum.com

Loring Art

loring-art.com

Magasand

magasand.com

Magazine Brighton

magazinebrighton.com

Magma

magmabooks.com

Material

materialmaterial.com

Motta

mottakunstboeken.nl

Mzin

mzin.de

No Guts No Glory

ngngdesign.com

Nook

nooklondon.com

Ofr Shop

ofrsystem.com

Page Five

pagefive.com

Papercut

papercutshop.se

Papersmith's

papersmiths.co.uk

pro qm

pro-qm.de

Provide

provideshop.com

Sérendipité

serendipite.ch

Soda

sodabooks.com

Soma

soma.gallery

Super Salon

supersalon.org

The Library Project

photoireland.org

Thisispaper

thisispaper.com

Village Bookstore

villagebookstore.co.uk

West Berlin

westberlin-bar-shop.de

X Marks the Bokship

bokship.org

北美洲

McNally Jackson

mcnallyjackson.com

Objectify

objectify139.com

Quimby's

quimbys.com

Soop Soop

soopsoop.ca

Spoonbill & Sugartown

spoonbillbooks.com

亞洲

Basheer Graphic Books

basheergraphic.wordpress.com

Books Actually

booksactuallyshop.com

The Magazine Shop

themagazineshop.tumblr.com

Magpie

magpie.com.sg

Paper Cup

papercupstore.com

The U Cafe

www.underscoremagazine.com

The Yard

theyard-kw.com

大洋洲

Beautiful Pages

beautifulpages.com.au

Künstler

kunstler.com.au

Mag Nation

magnation.com

Perimeter Books

perimeterbooks.com

World Food Books

worldfoodbooks.com

活動

C'mon to Papel，西班牙

comeontopapel.com

Indie Con，德國

wasistindie.de
indiemags.de

Facing Pages biennale，荷蘭

facingpages.org

MagFest，英國

magfest.co.uk

Modern Magazine conference，英國

magculture.com

Print Out，英國

magculture.com

社會團體

英國雜誌編輯協會（British Society of Magazine Editors，簡稱 BSME）

bsme.com

編輯設計組織（Editorial Design Organisation、簡稱 EDO）

editorialdesign.org

雜誌小聯盟（Little Magazine Coalition、簡稱 LMC）

thelittlemagazinecoalition.com

英國專業出版商協會（Professional Publishers Association，簡稱 PPA）

ppa.co.uk

出版設計師協會（The Society of Publication Designers，簡稱 SPD）

spd.org

獎項

BSME 獎（BSME Awards）

Magpile 獎（Magpile Awards）

出版設計師協會比賽（Society of Publication Designers Competition）

網站

Athanaeum Nieuwscentrum

athenaeumnieuwscentrum.
blogspot.co.uk

Coverjunkie

coverjunkie.com

Linefeed

linefeed.me

The Magazine Diaries

magazinediaries.com

MagCulture

magculture.com/blog

Stack

stackmagazines.com

The Stack on Monocle 24

monocle.com/radio/shows/the-stack

書籍

《編輯設計學》，2016 年積木文化出版，Cath Caldwell 及 Yolanda Zappaterra 合著

Print is Dead. Long Live Print，2014 年 Prestel 出版，Ruth Jamieson 著

Behind the Zines，2011 年 Gestalten Verlag 出版，Robert Klanten 及 Adeline Mollard 合著

Fully Booked，2013 年 Gestalten 出版，Andrew Losowsky 著

We Love Magazines，2007 年 Gestalten 出版，Andrew Losowsky 著

We Make Magazines，2009 年 Gestalten 出版，Andrew Losowsky 著

The Modern Magazine，2013 年 Laurence King 出版，Jeremy Lesile 著

Fanzines，2010 年 Thames & Hudson 出版，Teal Triggs 著

專有名詞中英對照

以下列表並未包含全數關於印刷、字體設計及出版的專有名詞，是為獨立雜誌出版新手較常見的專業用語。以英文字母順序排列。

A 版（A format）
公制紙張尺寸，如 A0、A1、A2 等。

ABC
商業雜誌可能會說自己「ABCed」（經過 ABC），意指其發行量已通過發行量稽核局（Audit Bureau of Circulation，簡稱 ABC）的審核。此經由官方認證發行量的業界標準，傳統上經常用做推銷廣告業務的工具，不過，對於獨立雜誌較不重要，也很少採用。

廣編稿（advertorial）
語調與風格皆如同文稿，但實為廣告主付費購買的廣告文。廣編稿通常是由雜誌團隊來撰寫及設計，且必須註明標語，例如「廣編稿」或「贊助內容」（sponsored content）。

條碼（barcode）
以數字和平行長條組成的編碼，可供機器辨識，並提供產品的基本資訊。

基線（baseline）
字體設計專有名詞，意指與大寫字母底部齊平的水平線。

出血（bleed）
超出裁切範圍的影像或版面配置邊緣。由於在印刷和裁切過程中，紙張可能會有些微滑動移位，為了避免出現不必要的白邊，所以需有出血。印刷廠通常會要求 3mm 的出血。

正文（body copy）
文章的主要文字內容。

非活頁插頁（bound-in insert）
插裝於雜誌內，總頁數以外的額外紙張，尺寸和紙質都可能不同於雜誌主體。

非活頁別冊（bound-in section）
插裝於雜誌內，紙質不同於雜誌主體的額外書帖。只能置於臺與臺之間。

補充資訊（box-out）
主文以外的小資訊，排版時，經常置於圖文框或分開的區域。

分類廣告（classified）
純文字格式的廣告，通常位於雜誌後面，以清單或小方格的形式呈現。

CMYK
青色（cyan）、洋紅（magenta）、黃色（yellow）、黑色（key）：印製全彩影像時的四印刷色（process color）。

塗布紙（coated paper）
有上塗料的紙，表層平滑光亮，常用於商業雜誌。

無酬互惠（contra deal）
商業交易的一種，雙方無金錢往來，譬如與廣告主或贊助商合作時，彼此交換的是商品或服務，而非金錢。

代編出版（contract publishing）
作為公司或品牌推銷工具的雜誌。航空公司的機上雜誌即是典型例子。

特約編輯（contributing editor）
非雜誌公司內部的編輯，為雜誌提供構想、文章，以及編輯方向。

文字編輯（copy editor ／ sub editor）
負責檢查文字和版面配置有無錯誤及不一致的人。

隨書附贈（cover mount）
亦即「贈品」，例如固定在雜誌正面的小冊子，通常會用包裝袋將兩者包在一起。

CPM（cover per mille）
線上廣告的專有名詞；每千次廣告曝光成本。

展示型廣告（display ad）
有別於分類廣告，通常包含視覺元素，由客戶提供設計。

經銷商（distributor）
出版商和零售商之間的仲介人，負責管理與出貨。

DPS（double-page spread）
滿版跨頁。

裝幀假書（dummy）
刊物的空白實體樣品，由印刷廠製作，用以掌握該刊物的實際尺寸、裝訂方式、紙質等。

編輯室報告（editor's letter）
編輯對該期雜誌的介紹，通常僅有一頁，用於探討當期重點主題，並將讀者的注意力吸引到特定報導上。

編輯會議（editorial meeting）
構思及討論每期雜誌構想的會議，指派工作、制訂計畫和檢閱大致編輯方向也是在會議中進行。酒吧是最理想的會議地點。

總頁數（extent）
刊物內的頁面總數。

合理使用（fair use）
意指你能無償使用影像的（罕見）特定情況。通常是作為創作或報導等非直接以影像本身營利用途。

同人誌（fanzine）
由業餘狂熱愛好者製作的致敬刊物，或指非官方刊物。

FH（front half）
雜誌的前半部。

落版單（flat plan）
安排雜誌所有頁面用的清單、表格或圖表。用於規劃文稿及廣告頁面的位置，並指明製作要點，例如內頁用紙等。

頁碼（folio）
頁面的編號。

頁尾（footer）
任何出現在頁面底部的文字，例如刊名、頁碼、額外資訊等。

格式（format）
雜誌的尺寸、形狀和裝訂方式。

四印刷色（four-color process）
又稱 CMYK，彩色印刷機所使用的四種顏色。

出刊頻率（frequency）
雜誌發行的頻率，最常見的有月刊、雙月刊、季刊、半年刊及年刊。

通過 FSC 認證（FSC certified）
印刷用紙經過森林管理委員會（Forest Stewardship Council）認證，保證品質。假如用紙符合標準，你可以向其申請在版權頁使用 FSC 的 logo。

履行（fulfilment）
履行訂單的行為，例如將雜誌寄送給客戶。

網格（grid）
設計師用以規劃雜誌頁面的框架。

GSM（grams per square meter）
紙張基重的單位，每平方米的克數。

裝訂線（gutter）
跨頁中間的區域，亦即左右兩頁交會的地方。裝訂會使紙張局部隱藏，所以裝訂區域的寬度需足夠。

硬式打樣（hard proof）
印於紙上的打樣。

頁首（header）
頁面頂部的文字元素，如單元標題及名稱。

自家廣告（house ad）
發表自家訊息的廣告空間，如訂閱、特惠、活動或產品。

IBC
封底裡。

IFC
封面裡。

拼版（imposition）
印刷用語：排列雜誌頁面至全開紙張，依照最有效、省紙的印刷方式排列。

ISSN（International Standard Serial Number）
國際標準期刊號：任何欲零售的期刊都需要申請。收到 ISSN 後，即可購買條碼。

字距微調（kerning）
字體設計用語，意指字母之間的距離。

約稿未登補償費（kill fee）
委託製作卻未出版的作品，需支付予撰稿人、攝影師或插畫家的費用。

行距（leading）
字體設計用語，意指文字行與文字行之間的距離。

投入式廣告（loose insert）
隨意夾在雜誌內側的卡片或傳單。可售予廣告主，也可用於宣傳雜誌的相關資訊，如訂閱單、特殊優惠廣告單、活動或產品宣傳單。

版權頁／刊名（masthead）
這個單字既可以代表封面上的雜誌名稱，也可能是指條列相關人員、聯絡人、出版資訊等重要資訊的版權頁。

媒體資料袋（media pack 或 media kit）
歸納雜誌和其商業服務的文件，數位形式或紙本皆可。

OBC
封底。

平版印刷（offset litho）
刊物最常使用的非數位印刷方式，影像、文字和版面配置會重製於金屬印版上，接著轉印到橡膠滾輪，最後印到紙上。

經常性費用（overhead）
與產品無直接關係的經營費用，例如辦公室租金和水電費。

頁數（pagination）
雜誌的頁面數量，包含書封。以內頁共 96 頁的雜誌為例，若採一般書封，即以 96 + 4 來表示。

膠裝（perfect binding）
透過膠合組合頁面的裝訂方式，裝訂完成的書背是方背。

PMS（Pantone Matching System）
Pantone 配色系統，用以指定印刷色彩。

文字級數（point size）
字體設計用語，意指使用於版面的文字大小。

印前準備（pre-press）
印刷用語，意指介於版面配置階段和實際印刷之間的印刷檔準備工作項目，如調整影像和製版。

印刷校色（press check）
印刷準備工作完成後、實際印刷開始前的最後一次校對。

印量（print run）
刊物的總印刷數量。

校稿（proofreading）
確認雜誌文字和版面配置是否有錯誤或不一致的程序。

打樣（proof）
雜誌完稿的數位或印刷版，用於校稿，以及印刷檔的最後確認。第一輪打樣只要用印表機列印即可。待所有編輯上的修訂皆已完成，版面配置確認，印刷檔也寄給印刷廠後，印刷廠會提供最後一組打樣供編輯和設計人員校對。到此階段，要做的是確認頁面順序是否正確、色彩是否良好等。

出版時間表（publishing schedule）
整個出版過程關鍵項目的時間安排，包含文稿截稿日期、美工及製作交期、從印刷廠收到雜誌的時間，以及上市日期。

重要引述（pull quote）
擷取自文章的一段話，於排版時會放大字體，用以激起讀者興趣，吸引其閱讀整篇文章。

PUR 膠裝（PUR binding）
較傳統膠裝更常採用的裝訂選項，其使用的反應型聚胺酯熱熔膠（polyurethane reactive adhesive）黏性更佳，使雜誌在打開平放時，不會破壞裝訂處。

廣告價目表（rate card）
完整廣告收費表，通常是進入議價程序的起點。

令重（ream weight）
紙張重量，即 1 令紙的重量，單位通常是磅（P）。

廣告版位由刊物決定（run of print，簡稱 ROP）
廣告用語，意指廣告可以置於雜誌主要部分的任意位置，有別於購買特定版位的廣告。

加印（run-on 或 overrun）
在原本指定的印量之上，再多印更多份。

書帖、臺（section 或 signature）
將頁面依照正確順序排列全開印刷用紙上，經過摺疊、裁切和裝訂後，各跨頁會落在正確位置。每臺通常為 16 頁，但也可以是 8 或 4 頁。

軟式打樣（soft proof）
由數位形式提供的打樣。

特別色（spot color）
有別於青、洋紅、黃、黑等標準印刷色四色，使用獨自印版的色彩。

局部上光（spot varnish）
於頁面局部實施的上光加工，經常用於突顯封面上的特定元素，例如雜誌名稱。

跨頁（spread）
刊物攤開時相對的兩個頁面。

不刪、保留（stet）
校稿用語，當校稿員已標註需進行修改，但最後決定不做更動的標註法。

印刷用紙（stock）
用於印製的紙張類型。一本雜誌中經常會用到兩種以上的紙，如內頁和封面。

樣式指南（style guide）
雜誌制定的一組規則，用於規範文本格式及字體設計。如數字該怎麼表示，或是職稱是否以大寫字母表示。

sub
訂閱，subscription 的簡稱。

交換訂閱（subs swap）
意指兩本刊物可免費交換訂閱。

承印物（substrate）
用於印刷的材料，如紙張或紙板。

轉載（syndication）
將雜誌的部分創作內容，如報導文章等，轉賣給其他刊物刊載。

浮貼頁（tip-in）
額外的印刷品，如附加於（通常是用少量膠水黏貼）雜誌內頁的圖片或明信片。

裁切線（trim mark）
印在雜誌頁面角落的線條，用以標示紙張的裁切位置。

雙色印刷（two-color process）
僅使用兩個顏色印刷。可能使用一般印刷色，也可能是用特色。

非塗布紙（uncoated paper）
沒有塗布的紙張，更看得見紙張原本紋路，較不光亮。許多獨立雜誌偏好非塗布紙，能突顯與商業雜誌之外表及質感的差異。

排重、排除重複（unique）
關於網站分析的用語。意指「不重複曝光次數」（unique impression），也就是頁面不重複計算的訪客人數，通常每個月統計一次。

公關書（voucher copy）
提供給廣告主或公關人員的免費雜誌。

名詞索引

粗體頁碼意指圖片。

圖片版權

所有影像皆是由雜誌所提供且版權屬於該雜誌，下列項目和圖片另有說明者除外。

T＝頂部；B＝底部；L＝左側；R＝右冊；C＝中央

7TR Design: Willem Stratmann/ Studio Anti **7CL** Creative Director: David Lane **7BR** The Slow Journalism Company **8TL** Creative Director: Kuchar Swara **8TR** Own It! Publishing **9** Photo: Max Creasy **10TL** *The Gourmand*, Creative Director: David Lane **10TR** *Monocle* **10B** *It's Nice That* **11** Design: Kai von Tabenau **13T** Design Director: Dylan Fracareta © FEBU Publishing **14T** Creative Director: David Lane **15B** The Slow Journalism Company, cover art: Shepard Fairey **16–20 (all)** Courtesy Dazed Media **16** Photo © Brantley Gutierrez **18** Photo © Nick Knight **19** Photo © Rankin **20L+R** Photo © Collier Schorr **22TL** *Delayed Gratification*, The Slow Journalism Company, cover art: Eelus **22TR** *Port*, photo: Robin Broadbent **22B** *Wrap* **23** © Die Brueder–Malte Spindler **24B** Jean Jullien for Wrap **26T** Own It! Publishing **26B** Photo: Ilvio Gallo and Nathalie Du Pasquier **27T** © Acid and 19-80 Éditions **31T+B** The Slow Journalism Company **31T** Cover art: Eelus **38TL** Colin Caradec and Morgane Rébulard, *The Shelf* **38TR** Kai Brach, *Offscreen* © Mark Lobo **38B** Elana Schlenker, *Gratuitous Type*, photo: Ross Mantle **44T** Robin Broadbent, styled by Sam Logan **44CL** Backyard Bill **44CR** David Hughes **44B** Amber Rowlands, styled by Sam Logan **45 (all)** Editor: Rachel Taylor, Creative Director: Jody Daunton **45TL** cover artist Bryan Schutmaat **45TR** 'Korean Papermaking: Paper, People, Place'; subject in photo and author: Aimee Kee, photo: Ricky Rhodes **45B** cover artist Jack Latham **52TL** *LAW* **52TR** *Perdiz*, photo: Borja Ballbé and Querida Studio **54B** *Oh Comely* **54TL**

Centerfold featuring Letterproeftuin **54TR** Emmet Byrn, photo: Peter Happel Christian **54B** Cover photo: Jim Campers **55 (all)** Creative Direction: David Lane **58TL** Illustration: Pat Bradbury for Wrap **58CL** Illustrations: Jean Jullien **58CR** Illustration: Atelier Bingo for Wrap **58BR** Artwork: Martin Nicolausson for Wrap **59C** Illustration: Studio Tipi **61T** Image detail: Otis Shepard © *Eye* magazine **61B** Design Director: Dylan Fracareta © FEBU Publishing **62T** Brian Eno, Design: Kai von Tabenau, Portrait: Matt Anker **62B** Design: Ariane Spanier **65TL** Photo: Max Creasy **65TR** The Slow Journalism Company **66T+TCL** Design: Human After All **68CL** The Slow Journalism Company **69T** Illustration: Karen Klink, Art Director: Jade George, Creative Director: Rawan Gebran **71–75** © *Eye* magazine **76TL** *Makeshift* **76TR** Photo © June Kim **76B+77** Photo: Max Creasy **78T** The Slow Journalism Company **79T** Photo: Max Creasy **81T** Photo © June Kim **83T** Photo: Andy Kirkpatrick **83C** Photo: Lukasz Warzecha **83BL** Photo: Martin Hartley **83BR** Photo: Cat Vinton **88TL** *Works That Work* **88TR** Motto Books **88B+89** Antenne Books Ltd. **94 (all)** Art Director: Jessica Lowe **94TL** Photo: Takashi Homma **94TR** Photo: Gavin Green **94B** Illustrator: Olimpia Zagnoli **96** Antenne Books Ltd. **97T** Ryan Fitzgibbon at Stack Live © Helen Cathcart **97B** © Die Brueder–Malte Spindler **98TL** Interview: Kati Krause, portrait: Marlen Mueller **98TR** Illustration: Kate Copeland **98B** Illustration: Alexander Wells **99 (all)** published by A Small Press (Australia) and Ilam Press (New Zealand); edited,

designed and printed: Luke Wood and Stuart Geddes **99CL** words and images: Juan Metrez **99CR** words and images: Anna Dean **101+103 (all)** The Slow Journalism Company **103CL** Cover art: Ai Weiwei **103B** Cover art: Pablo Delgado **104** © Stack magazines Ltd. **105T** Photo: Beinta á Torkilsheyggi, model: Jessie Dunn, styling and background: Verity **107** Courtesy Marc Robbemond **108** Petra Noordkamp **110TL** *Disegno*, photo: Ola Bergengren, styling and set design: Iwa Herdensjö **110B** *Offscreen* **115T** Photo: Pieter Hugo, creative director: Kuchar Swara **115C** Photo: Stefan Heinrichs, styling: David St John James **115BL** Photo: Nadav Kander, creative directors: Matt Willey and Kuchar Swara **115BR**: Photo: Robin Broadbent **121B** Design: Human After All **128T** *Cereal* **128C** *Perdiz*, feature on Pixy Liao's photographs, photo: Borja Ballbé and Querida Studio **128B** *Port*, photo: Stefan Heinrichs, styling: David St John James **130T** Jake Beeby, photo: Elliot Kennedy **130B** Photo: Borja Ballbé and Querida Studio **133T** © Anja Aronowsky Cronberg, publisher **140TL** *Offscreen* © Kai Brach **140TR** © Die Brueder–Malte Spindler **140BR** Ryan Fitzgibbon at Stack Live © Helen Cathcart **141** © Kai Brach **143T** Olivia Williams photographed by Alasdair McLellan **143B** Photo: Sarah Keough **144** Handsome Frank Ltd., cover illustration: Tim McDonagh **145T+B** © Die Brueder–Malte Spindler **152TR** *Wrap* **152TL+B** *Cereal* **155T** Photo: Jeroen Toirkens **157T** Illustration: Amandine Urruty **158T** *Monocle* **158CL** Motto Books **158B** Offscreen, Photo © June Kim